U0172399

# 建筑立体绿化的热湿迁移与环境调节

何晸 于航 董楠楠 编 著

中国建筑工业出版社

**图书在版编目（CIP）数据**

建筑立体绿化的热湿迁移与环境调节/何昳，于航，
董楠楠编著. —北京：中国建筑工业出版社，2022.10
ISBN 978-7-112-27865-7

Ⅰ.①建…　Ⅱ.①何…②于…③董…　Ⅲ.①垂直绿
化-研究　Ⅳ.①TU985.1

中国版本图书馆 CIP 数据核字（2022）第 162960 号

责任编辑：张文胜
责任校对：李美娜

建筑立体绿化的热湿迁移与环境调节

何昳　于航　董楠楠　编　著
\*
中国建筑工业出版社出版、发行（北京海淀三里河路 9 号）
各地新华书店、建筑书店经销
北京科地亚盟排版公司制版
北京中科印刷有限公司印刷
\*
开本：787 毫米×1092 毫米　1/16　印张：9¾　字数：243 千字
2022 年 10 月第一版　　2022 年 10 月第一次印刷
定价：46.00 元
ISBN 978-7-112-27865-7
（39843）

# 前　言

随着我国经济的快速发展和城市化进程的不断推进，人们对城市环境品质的要求不断提高。由于建设用地日趋紧张，可用于地面绿化的空间越来越少。为了提高城市绿化水平，立体绿化得到越来越多的应用。从历史上看，建筑立体绿化雏形出现的时间可以上溯到公元前两千年左右，经历了近现代在绿化承重、防水、灌溉等新技术的革新之后，如今已经遍及世界各地。建筑立体绿化不仅有利于改善城市的形象，还提供了诸多环境生态效益，包括降温增湿减噪、改善城市地表径流、增加生物多样性等。在高密度城市，作为生态补偿措施的建筑立体绿化受到高度重视，已经被诸多城市纳入市政规划的相关规范和指南中。近些年来，随着空调能耗不断攀升，城市热岛效应加剧，建筑立体绿化对室内以及室外环境的降温作用成为学者关注的重点领域之一。建筑立体绿化形式多样，降温隔热性能也不尽相同，例如建筑朝向、植被品种、基质层厚度、含湿量、当地气候等因素均会影响其热性能，不同地区的建筑立体绿化热性能数据不能简单地被推广到其他地区。本书从建筑立体绿化的历史沿革、热性能研究现状以及相关科学问题等几个方面对建筑立体绿化技术进行了梳理。书中以上海地区某轻型种植屋面和铺贴式种植墙体为研究对象，开展了建筑立体绿化热性能的现场测试。基于实测，结合植物、基质以及围护结构热湿耦合迁移理论，本书建立了建筑立体绿化传热过程的数学模型，详细分析了我国夏热冬冷地区建筑立体绿化的热过程及其相关参数对围护结构保温隔热性能的影响和作用机理。在前人研究基础上，本书进一步计算了建筑立体绿化的当量热阻，深入阐述了其动态特性和适用范围。基于建筑立体绿化的保温隔热机理提出了保温因子和调温因子，作为建筑立体绿化的热性能评价指标。本书阐述了建筑立体绿化对室内外热环境的双向调节作用，尝试将城市冠层微气候模型与建筑立体绿化热湿迁移模型进行耦合，用于预测不同城市冠层条件下建筑立体绿化对室内外热环境的影响，可以为高密度城区建筑立体绿化的设计提供热力学依据。最后本书对建筑立体绿化技术的未来发展趋势以及学科交叉的必要性进行了展望。

本书的读者对象主要包括绿色生态、建筑节能领域的高校师生、研究人员、政府管理人员，以及对建筑立体绿化感兴趣的读者。本书是作者在同济大学完成的博士课题以及新加坡国立大学博士后阶段的部分研究成果基础上写成的，力求通俗易懂地介绍建筑立体绿化的基础理论和最新研究成果，旨在为建筑立体绿化的推广应用、降低建筑能耗与改善城市微气候，实现城市的可持续发展等方面提供绵薄助力。鉴于本人学术水平所限，错漏之处敬请读者指正。

2022 年 5 月于新加坡

# 目　录

**第1章　建筑立体绿化的发展历史**　1

1.1　公元前2000年—19世纪：地域性的建筑立体绿化技术　1

1.2　19世纪末期—20世纪70年代：近现代城市中的建筑立体绿化技术　4

1.3　20世纪70年代末期—20世纪90年代末：建筑立体绿化技术发展成熟阶段　5

1.4　21世纪初期：基于效益化和性能化的建筑立体绿化技术发展新趋势　6

1.5　本章小结　8

本章参考文献　8

**第2章　建筑立体绿化的热过程**　10

2.1　种植屋面和种植墙体的形式　10

2.2　建筑立体绿化热性能的国内外研究现状　12

2.3　建筑立体绿化的热过程分析　16

2.4　本章小结　22

本章参考文献　23

**第3章　立体绿化热湿物性参数的测量**　28

3.1　基质的热湿物性测试　29

3.2　植物的物性参数测试方法　43

3.3　本章小结　45

本章参考文献　45

**第4章　建筑立体绿化的热湿传递模型**　48

4.1　建筑立体绿化热湿耦合迁移模型的基本假设　51

4.2　建筑立体绿化热湿耦合迁移模型的建立　51

4.3　模型求解方法　60

4.4　本章小结　62

本章参考文献　62

**第5章　建筑立体绿化热性能的实验研究**　65

5.1　建筑立体绿化热性能实验平台　65

5.2　测试结果分析　68

5.3　建筑立体绿化与普通建筑围护结构温度分布的比较　80

5.4　本章小结 ································································································· 84

**第6章　基于模型的建筑立体绿化热性能分析** ································· 85

6.1　建筑立体绿化热湿耦合迁移模型的验证 ·············································· 85

6.2　建筑立体绿化植被层和基质层的能量平衡分析 ··································· 89

6.3　植被层与基质层对建筑立体绿化热性能的影响 ··································· 90

6.4　气象因子对种植屋面热性能影响的单因素分析 ··································· 96

6.5　本章小结 ········································································································ 99

本章参考文献 ········································································································ 99

**第7章　建筑立体绿化热性能的评价** ··············································· 100

7.1　建筑立体绿化当量热阻的计算 ······························································ 101

7.2　建筑立体绿化当量热阻的影响因素分析 ·············································· 105

7.3　建筑立体绿化与两种常见建筑围护结构热性能的比较 ···················· 109

7.4　建筑立体绿化热性能评价指标的建立与分析 ······································ 112

7.5　保温因子和调温因子的影响因素分析 ·················································· 114

7.6　本章小结 ········································································································ 117

本章参考文献 ········································································································ 118

**第8章　建筑立体绿化对城市局地冠层微气候的影响** ·················· 119

8.1　一维城市冠层热环境预测模型 (AUSSSM) 简介 ······························· 120

8.2　城市冠层模型和建筑立体绿化热湿耦合迁移模型的耦合 ················ 124

8.3　情景模拟 ········································································································ 125

8.4　模拟结果 ········································································································ 127

8.5　本章小结 ········································································································ 135

本章参考文献 ········································································································ 136

**第9章　结论与展望** ········································································· 137

9.1　建筑立体绿化基质的热湿物性参数 ······················································ 137

9.2　建筑立体绿化的保温隔热性能 ······························································ 137

9.3　建筑立体绿化的保温隔热机制 ······························································ 138

9.4　建筑立体绿化热性能的评价指标 ·························································· 138

9.5　建筑立体绿化的局地微气候效应 ·························································· 139

9.6　展望 ················································································································ 139

**附录1　普通围护结构的热传递方程** ··············································· 140

**附录2　书中部分彩色图表** ····························································· 141

# 本书符号注释表

| 符号 | 含义 | 单位 |
|---|---|---|
| 英文字符 | | |
| $a$ | 单位气流体积对应的建筑立面面积 | $m^{-1}$ |
| $B_{ji}$ | 格巴尔的吸收系数 | |
| $C_p$ | 比热 | $J/(K \cdot kg)$ |
| $C_{fi}$ | 建筑拖曳系数 | |
| $d_f$ | 叶片厚度 | $m$ |
| $d_{ca}$ | 空气间层厚度 | $m$ |
| $d_p$ | 植被层移位高度 | $m$ |
| $D$ | 水分扩散系数 | $m^2/s$ |
| $E$ | 潜热流 | $W/m^2$ |
| $F$ | 角系数 | |
| $F_o$ | 傅里叶数 | |
| $H$ | 显热流 | $W/m^2$ |
| $HS$ | 热源 | $W$ |
| $H_c$ | 建筑冷负荷 | $W$ |
| $H_{ex}$ | 空调排热量 | $W$ |
| $h_{ca}$ | 空气间层综合传热系数 | $W/(m^2 \cdot K)$ |
| $h_i, h_o$ | 室内、外对流换热系数 | $W/(m^2 \cdot K)$ |
| $h$ | 植被高度 | $m$ |
| $I_{sky}$ | 天空长波辐射 | $W/m^2$ |
| $K_h$ | 热量湍流扩散系数 | $m^2/s$ |
| $K_m$ | 动量湍流扩散系数 | $m^2/s$ |
| $K_v$ | 质量湍流扩散系数 | $m^2/s$ |
| $K$ | 水分渗透系数 | $m^2/s$ |
| $K_s$ | 饱和水分渗透系数 | $m^2/s$ |
| $k$ | 植被层削光系数 | |
| $L$ | 水分蒸发潜热 | $J/kg$ |
| $LAI$ | 叶面积指数 | |
| $MS$ | 湿源 | $g/s$ |
| $m_a$ | 质量 | $kg$ |
| $m$ | 流体体积密度比率 | |
| $n$ | 植被冠层湍流扩散衰减系数 | |
| $P$ | 降雨量 | $kg/s$ |
| $p_{atm}$ | 标准大气压 | $Pa$ |
| $q_l$ | 液态湿分传递流量 | $kg/(m^2 \cdot s)$ |

| 符号 | 含义 | 单位 |
|---|---|---|
| $q_v$ | 气态湿分传递流量 | kg/(m² · s) |
| $q_h$ | 通过基质层的热流 | W/m² |
| $\bar{q}$ | 通过围护结构内表面的平均热流 | W/m² |
| $q$ | 空气绝对湿度 | g/kg |
| $Q$ | 渗流量 | m³/s |
| $R$ | 理想气体常数 | J/(mol · K) |
| $RD$ | 辐射 | W/m² |
| $RH$ | 环境相对湿度 | |
| $R_f$ | Richardson 数 | |
| $R_{fc}$ | 临界 Richardson 数 | |
| $R_t$ | 整体热阻 | m²/kW |
| $R_{in}$ | 围护结构内表面换热热阻 | m²/kW |
| $R_{out}$ | 围护结构外表面换热热阻 | m²/kW |
| $R_s$ | 围护结构结构层热阻 | m²/kW |
| $r_{st}$ | 气孔阻力 | s/m |
| $r_a$ | 植被冠层内湍流扩散阻力 | s/m |
| $r_{as}$ | 植被冠层外至参考高度的湍流扩散阻力 | s/m |
| $r_{gs}$ | 基质层表面阻力 | s/m |
| $r_b$ | 植被冠层边界层阻力 | s/m |
| $S$ | 吸水速率 | kg/s |
| $T$ | 温度 | K |
| $T_z$ | 室外综合温度 | K |
| $u$ | 速度 | m/s |
| $V_a$ | 建筑的室内空间体积 | m³ |
| $V_f$ | 新风流量 | m³/s |
| $w$ | 叶片宽度 | m |
| $Z_0$ | 有植被覆盖时下垫面的粗糙度 | m |
| $Z_0^s$ | 裸露土壤的粗糙度 | m |
| $Z_r$ | 室外气象参数参考高度 | m |
| 希腊字符 | | |
| $\alpha$ | 太阳辐射吸收率 | |
| $\beta$ | 调温因子 | |
| $\gamma$ | 干湿表常数 | |
| $\varepsilon$ | 长波辐射发射率 | |
| $\eta$ | 水的表面张力系数 | N/m |
| $\chi$ | 基质孔隙率 | |
| $\omega$ | 基质比重 | kg/m³ |
| $\theta$ | 体积含湿量 | m³/m³ |
| $\theta_s$ | 饱和体积含湿量 | m³/m³ |
| $\kappa$ | Karman 常数 | |
| $\lambda$ | 导热系数 | W/(m · K) |

续表

| 符号 | 含义 | 单位 |
|---|---|---|
| $\mu_w$ | 水的黏性系数 | Pa·s |
| $\rho$ | 密度 | kg/m³ |
| $\rho_{SR}$ | 太阳辐射反射率 | |
| $\tau$ | 辐射透射率 | |
| $\sigma$ | 斯蒂芬波尔兹曼常数 | W/(m²·K⁴) |
| $\varphi$ | 保温因子 | |
| $\psi$ | 水势 | m |
| 下标 | | |
| a | 空气 | |
| b | 试样筒 | |
| c | 植被冠层 | |
| cr | 普通屋面 | |
| ca | 空气间层 | |
| f | 植被叶片 | |
| g | 基质层 | |
| gr | 种植屋面 | |
| p | 支架层 | |
| pro | 探针 | |
| s | 种植型围护结构结构层 | |
| sc | 普通建筑围护结构结构层 | |
| LR | 长波辐射 | |
| r | 室外参考高度 | |
| SR | 太阳辐射 | |
| v | 气态水 | |
| w | 液态水 | |

# 第 1 章　建筑立体绿化的发展历史

自工业革命以来，随着经济快速发展和人口数量的急剧增长，城市逐渐呈现出高密度的发展趋势，城市中的绿地空间也随之愈发稀缺。然而技术的进步使得植物的生长突破了地面的限制，允许绿地空间的规划建设从平面向空间转变。在构筑物上营造立体绿化不仅改善了城市绿化率，也极大提升了人居环境的综合效益，正日益成为新的时尚[1]。建筑立体绿化技术并不是近代才出现，其发展经历了很长一段时间的演化。受到不同时期自然社会背景、规划和建造理论背景以及相关技术背景的影响，建筑立体绿化的发展主要可以分为以下四个典型阶段：第一阶段是从公元前 2000 年左右到 19 世纪末期，各地基于地域传统的早期建筑立体绿化技术；第二阶段是从 20 世纪初期到 20 世纪 70 年代，为近现代城市建设影响下的建筑立体绿化建设技术的早期探索阶段；第三阶段是从 20 世纪 70 年代末到 90 年代末期，建筑立体绿化开始进行体系化和规范化的建设；第四阶段是 21 世纪初期开始的建筑立体绿化在效益化和性能化层面的新探索。建筑立体绿化相关技术主要包含项目营建技术、规划布局技术和政策制定技术。本章将概述以上四个阶段建筑立体绿化相关技术的发展。

## 1.1　公元前 2000 年—19 世纪：地域性的建筑立体绿化技术

工业革命之前，社会生产力发展相对缓慢。由于交通工具的限制，全球化的信息交流相对困难。在此社会背景下，早期建筑立体绿化技术多产生于不同地域性的建设技术影响之下。这一时期的建筑立体绿化有了生长基质的覆盖方式与种植物种的选择，突出的技术特点是：考虑了建筑结构承重方面的影响，实现了较为粗糙的防水技术以及相应的灌溉技术。上述三个方面是建筑立体绿化的基础技术，使得立体绿化可以与建筑内部空间得到有效隔离以及维持有效的生长。这一时期较有代表性的建筑立体绿化技术是发源于地中海地区的屋顶花园建造技术以及北极圈地区的草皮房技术。

地中海地区文明发展较快，很早便出现了丰富的宗教文化和社会的层级体系。此外，地中海气候适宜各类植物种植，植物景观丰富优美。于是在城邦建设发展过程中，贵族们开始利用绿化进行造景，以显示其审美和信仰。在公元前 4000 年到公元前 600 年间，美索不达米亚平原 Ziggurats 平台（图 1-1）上的植被是最早有记录的建筑立体绿化[2]，这种建筑为金字塔形，结构由泥芯和砖面建造，平台之间用台阶连通。根据考古学家 Leonard Wolley 的记载，每个平台上有乔木和灌木种植，为建造该金字塔的工人提供荫蔽[3]。在此基础上发展出来的巴比伦空中花园（图 1-2）是于公元前 500 年左右到公元前 225 年间由王室建造的。根据考古文献记载，空中花园由巨大石柱支撑，花园下面的整个区域被柱廊基底占据。石柱的牢固程度足以支撑足够的土壤，使得乔木可以像在地面上一样生长。同时还建造了长约 90km 的人工运河，采用类似于阿基米德取水器的装置将水抽取并灌溉台

1

面上的植物。为了使拱顶不受潮，在屋顶花园建设过程中，采用芦苇和天然沥青铺在梁上，然后在上面铺设烤砖和铅砖，铅与砖土的熔铸使得水分无法渗入[4]。罗马帝国时期，南欧的贵族宅院中空中花园的形式更加普及。庞贝城西北大门附近的神秘别墅（Villa of Mysteries，图1-3）具有一个U形的露台花园，露台三面都有拱形石柱廊支撑，其中植物直接在屋顶土壤中生长，利用水渠灌溉[2]。中世纪，富有的商人家族建造了现今位于意大利托斯卡纳地区的圭尼吉塔（图1-4），塔楼主人在顶部建造了一个小型方形花园，种植了七棵橡树，它被认为是现存世界上最古老的种植屋面之一[5]。文艺复兴时期，在佛罗伦萨兴起了建设屋顶花园的风潮，宗教领袖和其他贵族将屋顶花园赋予了文艺复兴时期人文思想的含义。他们将屋顶花园建于建筑、马厩和杂物间的上方，使得人、植物和动物各得其所。当时的屋顶花园大部分进行覆土建设，利用昂贵的铜、铅、焦油等材料进行密封[4]。养护技术得益于文艺复兴时期的灌溉技术，在原有取水机械装置基础上进行了大规模取水的机械化改造。

图1-1　Ziggurats金字塔[3]

图1-2　古巴比伦空中花园[6]

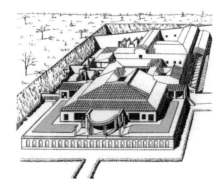

图1-3　神秘别墅（Villa of Mysteries）[2]

　　在气候寒冷、木材稀缺的北极圈地区，当地居民需要利用当地材料对居所进行防寒保暖，于是逐渐形成了独有的草皮房技术。1862年《宅地法》允许移民在美国西部索取土地。迁入辽阔草原的移民遇到了木材和石料短缺的问题，因此从斯堪的纳维亚移居美国的移民用传统的北欧技能，即丰富的草原草皮来建造庇护所[7]。草皮中未压实的土壤层具有很高的孔隙率，孔隙中滞留的空气能增强保温效果。同时，湿润以及具有一定厚度的土壤可以存储大量的热量，起到隔热作用。一年四季不同气候条件下，草皮具有调节室内环境的作用。夏季植物的遮阳和蒸腾作用会降低屋面温度，冬季草皮屋有利于积雪，积雪层也可以滞留大量空气，加强保温效果。草皮大多来自当地沼泽植被覆盖的土地，土地中的草皮根系发达。草皮房通常使用圆木搭建屋顶的结构框架，在垫层上用桦树皮重叠铺设，起到防水和阻绝根系的作用，然后再将一层厚厚的草坪或者两层草皮置于其上，如图 1-5 所示。类似的草皮房在全球高纬度地区皆有踪迹可寻，如于 18 世纪挪威农村建造并得以保存下来的木结构草皮屋顶[8]（图 1-6）。

中国古代春秋战国时期吴王夫差建于太湖边的姑苏台被认为是我国最早的建筑屋顶绿化形式[9]。由于我国传统的坡屋面形式不易于进行绿化种植，并且木结构对土壤以及植物的承重有限，因此我国古代营造建筑屋顶绿化的情况很少。

早期的建筑墙体绿化形式大约在 2000 年前的地中海地区已经开始出现。当时宫殿的狭窄后院被葡萄藤覆盖，葡萄藤对外墙具有遮阳和降温作用，而且果实可以食用，具有经济价值。此外，在古埃及的庭院、古希腊和古罗马的园林中，葡萄、蔷薇和常春藤等也常被布置成绿廊，供人们乘凉、观赏。在 17～18 世纪，英国和中欧地区，攀援植物的使用范围

图 1-4　圭尼吉塔[5]

大大扩展，其中木质藤蔓是最受欢迎的攀援植物。19 世纪，藤本植物绿化的应用在欧洲达到了高峰[10]。

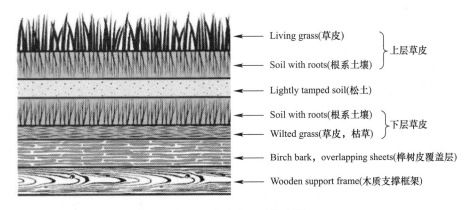

图 1-5　草皮房屋顶构造[7]

1：Birch bark waterproofing(桦树皮防水层)
2：Bracket hook(托钩)
3：Cullis hook(槽钩)
4：Gravel filter layer(砾石过滤层)
5：Roof deck(屋顶板)

图 1-6　挪威农村草皮房及草皮屋顶[8]

## 1.2 19世纪末期—20世纪70年代：近现代城市中的建筑立体绿化技术

这一阶段的建筑立体绿化技术经历了19世纪末期的简易屋顶绿化、20世纪初期开始的大面积屋顶花园以及20世纪60年代左右开始的屋顶绿化技术新发明时期。工业革命后，城市中产阶级兴起，城市居民对良好的城市环境和公共游憩场所的需求日益凸显。在城市规划层面，规划师开始注重良好的城市环境的规划设计，也开始思考如何通过立体绿化营造更加美观和适合休闲游憩的复合式城市环境。在建造技术层面，钢筋混凝土结构的发展奠定了现代大多数城市中建筑建造的基本方式，屋顶载荷能力也随之得到较大提升，推动了建筑立体绿化的实践应用。这一时期建筑立体绿化技术表现为屋顶绿化设计营造技术的发展，以及城市规划层面自上而下的建筑立体绿化建设思想雏形的出现。

图1-7 纽约剧院之上的屋顶花园[11]

19世纪末期，在美国的剧院、酒店和住宅建筑等平屋顶建筑上兴起了花箱或容器种植，屋顶设计以新奇美观为主，如图1-7所示。屋顶花园提供了通风良好的观剧空间，同时也创造了一种时尚的消遣方式，成为当时纽约上流社会和中产阶级的生活潮流[12]。20世纪初期，现代城市建筑上开始出现覆土型的屋顶花园，混凝土加上沥青和铅板是当时应用较为广泛的防水做法。自20世纪20年代末开始，由于钢筋混凝土和沥青质量的提高，建筑师在屋顶上建设立体绿化的方式也更加多样和大胆。例如1938年在伦敦肯辛顿区的德里和汤姆斯花园里有超过五百种树木和灌木，在沥青防水层上面敷设砖块和煤屑构成的排水层和过滤层，其上覆盖厚度为61～91cm的土壤层[13]。加利福尼亚州奥克兰市于1959年建造的凯泽中心屋顶花园也是重要的技术进步标志之一，如图1-8所示。其花园占地3.5英亩（约14164m²），采用了高约76cm的种植容器，考虑了独立的排水系统和雨水过滤层[14]。此后，在20世纪60年代德国人对种植屋面进行了现代化改造，对种植屋面的组成部分进行了大量研究，尤其是对阻根剂、防渗膜、排水层、轻质介质和植物的研究，为种植屋面的推广和应用奠定了坚实的基础[15]。在建筑墙体绿化方面，20世纪70年代开始，德国柏林开始了对木本攀援植物的研究，当时在

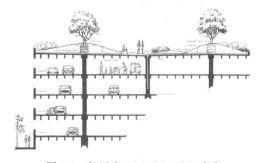

图1-8 凯泽中心屋顶花园剖面[14]

整个城市各区种植了英国常春藤、波士顿常春藤等植物[10]。随着西方文化的影响，在20世纪初期，屋顶花园开始传入我国。当时在上海外滩的西式建筑中出现了屋顶花园，标志着我国近代屋顶花园开始发展。随后几十年，由于战争和贫困的特殊历史阶段，我国屋顶花园的发展几乎停滞。

关于城市建筑立体绿化，1929 年勒-柯布西耶以巴黎为例描述了"光辉城市"的构想[16]，如图 1-9 所示。在"光辉城市"中，现代主义平屋顶的设计使得公共活动空间提升到屋顶平台之上，城市从工业革命大面积建筑的图底关系❶转变为以地面公园绿地和屋顶花园为底的花园城市。受到柯布西耶垂直花园城市概念的启发，新加坡城市研究小组（SPUR）在建屋局的帮助下，于 20 世纪 60 年代末和 70 年代初，在组屋建设中开始成规模地开发地面架空型绿植公共空间。

图 1-9　"光辉城市"构想[16]

## 1.3　20 世纪 70 年代末期—20 世纪 90 年代末：建筑立体绿化技术发展成熟阶段

从 20 世纪 70 年代起，生态环境问题成为当时主流的社会议题。公众开始关注如何在城市内部进一步发展绿色空间，建筑立体绿化技术也从相对分散的案例实践走向全面引导的建设时期。这个时期的建筑立体绿化以德国的发展最为典型，除了在建筑层面实现立体绿化的标准化发展以外，在城市空间规划层面也提出了立体绿化的技术要求。

从 20 世纪 80 年代初期到 90 年代末，针对建筑立体绿化的激励政策在德国全面形成，包括激励、强制和支持三个方面。激励政策在当时分为直接财政补贴和以生态补偿等措施为主的间接财政激励政策。强制性政策主要是指城市规划条例明确规定立体绿化的建设方式、指标和技术应用。其中，最具代表性的是 1985 年斯图加特市成为德国第一个将屋顶绿化纳入城市发展规划的城市，以缓解城市热岛与空气质量问题[17]。德国在 1998 年的《联邦建设法案》中规定在新发展区域将屋顶绿化强制纳入城市发展规划，并规定了最低要求。例如在特定街区的平屋顶和坡度达到一定程度的屋顶都需要进行绿化，同时明确屋顶绿化作为生态补偿措施和源头控制措施，在城市发展规划中将其与排水管网和蓄水设施进行统筹规划[18]。支持政策主要集中在提供相关的技术支撑，例如成立相关协会进行技术开发以及编制相关建设标准和指南，提供建筑立体绿化专业人员的培训和支持等。1981年，德国景观研究发展与建设学会（FLL）成立了屋顶绿化研究小组。1990 年，FLL "居住区植物与绿色空间"小组成立了德国绿色建筑专业协会（FBB），协同建筑从业者、高校研究者和政府官员等进行屋顶绿化的推广，使屋顶绿化有尽可能多的受众。在技术方面，1982 年 10 月《屋顶绿化规范》在德国出台。1990 年，FLL 在积累了更多经验之后，推出了更加完善的《绿色屋顶设计、安装以及后期养护指南》，并且迅速在国际范围内被认可，成为重要的国际参考技术标准[19]。在此发展阶段，屋顶绿化项目层面的建设技术，形成了密集型、半密集型和拓展型的屋顶绿化类型，三类屋顶绿化类型给业主和设计师提

---

❶　城市中的建筑实体由于形象清晰，往往成为感知对象，而其周围的空间环境则成为衬托的背景。这样"建筑"就被称为"图"，而周围的环境对象则被称为"底"。通过图底关系可以更加清晰地理解和研究城市空间环境。

供了成本和建筑结构上相对灵活的选择空间。至此，屋顶绿化形成了清晰的构造层模式（包括基质层、过滤层、排水层、保护层、根保护层、阻隔层和屋面防水层），以及从前期设计、施工到后期养护整套流程的技术体系。

在绿化布局方面，突出的成果是柏林生境面积指数（Biotope Area Factor❶，简称BAF）计算体系以及生态补偿机制的提出。1994 年柏林生境面积指数的开发，开创了建筑立体绿化的空间指标体系[20]，建筑立体绿化得以依据土地利用性质以及城市气候地图集进行重点布局。在柏林内城，新建的开发计划需要按规定留出一定比例的面积作为绿色空间。所有潜在的绿色区域，如庭院、屋顶和建筑立面，根据土地开发类型的 BAF 限值做出调整。建筑立体绿化的建设也被纳入了自然景观的原地补偿规则之中，需要进行最低建设要求的限定和评估。

20 年纪 80 年代，我国建筑立体绿化的研究和实践开始快速发展，由于地理位置、气候条件等原因，各大城市立体绿化的实施情况各有不同。南方城市因气候条件有利于植物的生长，可选择的植物更加多样，因此实践案例也比较多[21]。深圳市较早开展建筑立体绿化，除了屋顶绿化之外还有小区阳台绿化。从 1996 年开始，深圳市开始推行大面积的建筑立体绿化，植被种类和建造方法日益多样。20 世纪 80 年代，上海市的立体绿化仅限于公园棚架绿化以及高端酒店的屋顶绿化。到了 20 世纪 90 年代，上海市加强了对建筑立体绿化的研究，在各种立体绿化技术上取得了突破性进展[21]。

## 1.4 21 世纪初期：基于效益化和性能化的建筑立体绿化技术发展新趋势

在全球气候危机的背景下，进入 21 世纪以来，建筑立体绿化更加强调生态响应，其内涵是平衡生态、社会和经济多方面综合效益以进行城市绿色空间的高质量发展。这一阶段的建筑立体绿化技术受到绿色基础设施理论和绿色建筑评价制度的影响，发展重点主要体现为以性能优化为目标的设计建造和规划布局，对建筑立体绿化绩效评估的常见方法是比较其全生命周期的成本[22]。在政策层面，这一时期的建筑立体绿化强调通过绩效评估和总体规划布局完善政策制定流程，发展出更加多样的强制、激励和支持型政策。在建造技术层面，发展出了建筑立体绿化精细化控制的构造技术和多效益的评估系统。在规划布局层面，形成了建筑立体绿化规划技术绩效评估方法，在功能导向上拓展了原有的规划指标内容。

随着技术和政策的成熟，北美、亚洲和欧洲主要城市和地区都开始推行建筑立体绿化建设，并进一步完善了相关政策，如芝加哥、西雅图、华盛顿以及多伦多等。2003 年，芝加哥市政府出台了容积率奖励政策和屋顶绿化财政补贴项目[23]。2009 年，西雅图市政府发布了"西雅图绿色指数"制度，用于控制新建设地块绿色空间的发展，屋顶绿化和建筑墙体绿化是其中重要的核算部分[20]。2013 年，华盛顿提出绿色面积比率制度，以指导地块层面新项目的规划建设[24]。2005 年，多伦多地球和空间技术研究中心设立了市区屋顶绿化成本—效益专项研究，确定了屋顶绿化的回收成本以及提供激励的最低标准。多伦

❶ 表示区域中有效生态表面积与区域总面积的比例。

多城市规划部门据此研究制定了多伦多绿色屋顶战略，通过激励措施、公共教育和开发审批程序，鼓励在城市和私人拥有的建筑物上建造绿色屋顶[25]。2009 年，多伦多是北美第一个通过绿色屋顶细则《绿色屋顶附则》的城市，该附则规定了总建筑面积超过 2000m² 的新开发项目或增建项目需要将可用屋顶面积的 20％～60％用于绿化[26]。在东亚地区，东京是率先开始进行强制性立体绿化建设的城市之一，2001 年，东京市《关于自然保护和恢复的条例》中规定新建建筑物的地上部分和屋顶的 20％以上都要进行绿化[27]。同年，在《城市绿地保护法》中设立了建筑立体绿化认定制度，在建筑立体绿化建设方面采取了降低固定资产税的措施。2002 年，东京市开始实行"屋顶农场计划"，通过在屋顶种植蔬菜、水果的方式为城市提供绿色空间和农业产品。2004 年，东京市修改了《城市公园法》，创立了立体城市公园制度，引导屋顶绿色开放空间的开发。同年，绿视率❶成为日本政府城市绿化评价的常规指标之一，该指标促进了城市立体绿化的发展[28]。2009 年，新加坡国家公园局为增加立体绿化面积，推出了"Skyrise 绿化奖励计划"，为建筑立体绿化提供高达 50％的建设费用[29]。同年 4 月，新加坡推出了 LUSH 项目，规定土地开发项目必须增加绿化形式以补偿开发中损失的绿地，建筑立体绿化在补偿机制中起到了重要作用[30]。其后于 2014 年和 2017 年进行修订，规定了地面绿化面积最低限度，并增设了墙体绿化和屋顶绿化的认证方式。2009 年开始，新加坡城市绿色生态中心（Center for Urban Greenery and Ecology，简称 CUGE）发布了建筑立体绿化建设的一系列工程技术标准，其中包括屋顶的载荷和安全设计、基质和防水层的构造标准、屋顶种植、灌溉和维护指南、坡屋顶绿化设计与施工指南，以及 2017 年发布的促进屋顶花园生物多样性的设计指南。在欧洲其他地区，比如伦敦、巴黎、哥本哈根、赫尔辛基等，也推出了建筑立体绿化强制措施和激励政策。

这一时期我国建筑立体绿化技术的发展也逐渐进入成熟期。2001 年，成都市人民政府发布的《成都市建设项目公共空间规划管理暂行办法》以及 2005 年出台的《关于进一步推进成都市城市空间立体绿化工作实施方案》成为我国屋顶绿化公共政策的先导。北京市 2008 年前后借助奥运会大力推广屋顶绿化，成效显著。2011 年，《北京市人民政府关于推进城市空间立体绿化建设工作的意见》将屋顶绿化提升到"美化生态景观、改善气候环境和生态服务功能"的高度，标志着国内对"屋顶绿化公共效益"的认识实现了质的飞跃。2010 年，世博会的召开成为上海市屋顶绿化事业发展的重大转折。2011 年，上海将包括屋顶绿化在内的建筑立体绿化纳入到全市"十二五"绿化发展规划。2014 年，上海市发布《关于推进本市立体绿化发展的实施意见》，提出将屋顶绿化作为城市绿化新的增长点和重要发展方向。2015 年，上海市人大通过《上海市绿化条例修正案》，成为国内首个以立法形式对公共建筑推行强制性屋顶绿化政策的城市，规定高度小于 50m 的新建公共建筑，屋顶必须有 30％的面积敷设种植屋面。2016 年，上海市发布《上海市立体绿化专项规划（2016—2040）》，明确将建筑立体绿化面积作为一项重要的评估指标。自 2016 年开始，厦门、深圳等地陆续编制了城市立体绿化专项规划。这些专项规划用绿色空间指数❷、绿视率等指标评估建筑立体绿化的潜力，根据评估结果对建筑进行分类分级。再与

---

❶　绿视率的定义是绿化面积在行人正常视野面积中所占的比例，反映的是行人对周围绿色环境的感知程度。

❷　绿色空间指数是评价区域绿地生态效益的工具，涵盖了各种景观元素的定量评价指标以及权重。不同国家和地区对绿色空间指数的命名不同，例如前文提到的"柏林生境面积指数"和"西雅图绿色指数"。

其他规划,如绿地系统规划、生态网络规划、海绵城市规划等进行叠加分析之后,形成城市立体绿化的综合规划布局。各地也相继出台了立体绿化营造技术的标准规范。如 2005 年北京出台了《北京市屋顶绿化规范》和《垂直绿化技术规范》。1998 年和 2008 年上海市先后发布了《上海市垂直绿化技术规程》和《上海市屋顶绿化技术规范》。上述规范对建筑立体绿化的植物选择、构造层次、种植基质、防风固定技术等日常维护管理事项进行了详细规定。尽管 21 世纪初以来我国建筑立体绿化发展迅速,但是与国外依然存在差距。例如,截至 2015 年,北京市屋顶绿化面积累计达到 200 余万平方米,占屋顶总面积不到 1%,与发达国家 15%~30%的屋顶绿化覆盖率相差较大[31],同时也反映了建筑立体绿化在国内城市的巨大发展潜力。随着人们对城市环境要求的逐步提高,建筑立体绿化的覆盖率也将不断上升。

# 1.5　本章小结

综上所述,建筑立体绿化在发展过程中形成了从地域性传统到全球化响应,从自下而上的自发建设到自上而下的自觉推动,从单个项目建造到综合规划布局,从功能目标建设转向绩效导向发展,最终反映了从单一价值导向转向综合效益维度发展的演化趋势。虽然我国建筑立体绿化的建设在 21 世纪进入了快速发展阶段,并推出了一系列政策、规划和技术体系,但是建筑立体绿化的形式和种类繁多,对建筑立体绿化的精细化评估依然没有相应的标准。随着城市热岛效应引发的环境问题日益突出,建筑立体绿化对建筑室内和室外局部热环境的改善效果引起了人们的关注。本书从建筑立体绿化的热工性能出发,以夏热冬冷地区建筑立体绿化为对象,深入探究不同季节立体绿化对建筑室内外热环境的影响,旨在为建筑立体绿化的科学规划和设计提供热力学方面的依据。

**本章参考文献**

[1]　陈柳新,唐豪,刘德荣. 对高密度特大城市绿地系统规划中立体绿化建设发展的思考——以深圳为例 [J]. 广东园林,2017,39 (6):86-90.

[2]　Osmundson T. Roof gardens:history,design,and construction [M]. WW Norton&Company, 1999.

[3]　Woolley L. The Ziggurat and its surroundings [M]. Ur excavations,1939.

[4]　Ahrendt J. Historische gründächer:ihr entwicklungsgang bis zur erfindung des eisenbetons [D]. Technische Universität Berlin,2007.

[5]　Osmundson T. Roof gardens:history,design,and construction [M]. WW Norton & Company,1999.

[6]　El-Ramady H R,Alshaal T A,Shehata S A,et al. Plant nutrition:from liquid medium to micro-farm [J]. Sustainable Agriculture Reviews,2014,14:449-508.

[7]　Jim C Y. An archaeological and historical exploration of the origins of green roofs [J]. Urban Forestry & Urban Greening,2017,27:32-42.

[8]　Grützmacher B. Grasdach und Dachbegrünung:Planung,Aufbau,Eigenleistung für moderne Grasdächer [M]. Callwey,1993.

[9]　沈漫,高遏虹,董清华. 屋顶绿化的研究概况 [C]//北京市"建设节约型园林绿化"论文集,2007.

［10］ Köhler M，Schmidt M. Verbundene Hof-，Fassaden-und Dachbegrünung ［J］. Landschaft-sentwicklungund Umweltforschung，1997，105：1-156.

［11］ Johnson S B. THE ROOF GARDENS OF BROADWAY'S THEATRES，1883 TO 1941（NEW YORK）［M］. New York University，1984.

［12］ Peterson S L. Analyzing the green roof：a critical dialogue ［D］. Iowa State University，2001.

［13］ 许荷. 屋顶绿化构造探析 ［D］. 北京：北京林业大学，2007.

［14］ Osmundson T. Kaiser Center Roof Garden ［J］. Landscape Architecture，1962，53（1）：14-18.

［15］ Jim C Y. Green roof evolution through exemplars：Germinal prototypes to modern variants ［J］. Sustainable cities and society，2017，35：69-82.

［16］ Corbusier L. Le Corbusier & Pierre Jeanneret，oeuvre complète：1946—1952 ［M］. Publié par W. Boesiger aux Editions Girsberger，1929.

［17］ 谭一凡. 国内外屋顶绿化公共政策研究 ［J］. 中国园林，2015，11：5-8.

［18］ Ngan G. Green Roof Policies ［R］. Landsc. Architecture Canada Foundation，2004.

［19］ 董楠楠，张昌夷. 近 40 年德国立体绿化研究历程及启示 ［J］. 中国城市林业，2018，16（4）：7-11.

［20］ 林孟立，黄静婷. 探讨生境面积因子应用于大学校园环境绿化改善研究 ［J］. 设计与环境学报，2014，15：85-100.

［21］ 施莹. 北京市垂直绿化模式研究 ［D］. 北京：北京林业大学，2017.

［22］ 董楠楠，吴静，石鸿，等. 基于全生命周期成本-效益模型的屋顶绿化综合效益评估——以 Joy Garden 为例 ［J］. 中国园林，2019，35（12）：52-57.

［23］ 朱义，李莉，陈辉. 国内外屋顶绿化政策激励措施 ［J］. 园林，2011，8：14-18.

［24］ 张炜，王凯. 基于绿色基础设施生态系统服务评估的政策工具，绿色空间指数研究——以柏林生境面积指数和西雅图绿色指数为例 ［J］. 中国园林，2017，33（9）：78-82.

［25］ Carter T，Fowler L. Establishing green roof infrastructure through environmental policy instruments ［J］. Environmental management，2008，42（1）：151-164.

［26］ Banting D，Doshi H，Li J，et al. Report on the environmental benefits and costs of green roof technology for the city of Toronto ［R］. City of Toronto and Ontario Centres of Excellence—Earth and Environmental Technologies，2005.

［27］ 庄濬儒. 推动都市绿屋顶奖励机制之研究 ［D］. 台北：中国文化大学，2011.

［28］ 肖希，李敏. 日本城市绿视率计量方法与评价应用 ［J］. 国际城市规划，2018，33（2）：98-103.

［29］ Behm M，Hock P C. Safe design of skyrise greenery in Singapore ［J］. Smart and Sustainable Built Environment，2012，1（2）：186-205.

［30］ Samant S，Hsi-En N. A tale of two Singapore sky gardens ［J］. CTBUH Journal，2017（3）：26-31.

［31］ 郭丽娟，孙洪庆. 低碳经济时代的屋顶绿化 ［J］. 黑龙江工程学院学报，2011，25（4）：19-22.

# 第2章 建筑立体绿化的热过程

作为建筑与外界环境相互作用的界面，屋面和墙体的热性能不仅影响建筑室内舒适性以及空调能耗[1]，而且影响室外微气候[2]。在建筑外表皮进行绿化被认为对上述两个方面均产生积极作用，而绿化与建筑围护结构之间的传热过程是理解建筑立体绿化热性能的关键所在。本章对常见建筑立体绿化即种植屋面和种植墙体的传热过程进行了详细分析。

## 2.1 种植屋面和种植墙体的形式

国际种植屋面协会根据基质层厚度、植被种类、维护成本等指标将种植屋面分为以下三类：花园式（Intensive）、组合式（Semi-Intensive）和草坪式（Extensive），如表2-1和图2-1所示。与花园式种植屋面相比，草坪式种植屋面设计更加简单、基质层更薄、对屋面结构的承重要求更低、灌溉维护成本也更低，组合式则介于上述两者之间。由于较低的材料费用以及安装施工简便等优点，草坪式种植屋面在国内外的应用更为广泛[5]。

种植屋面的分类[3]　　　　　　　　　　　　　　　　　　　　表 2-1

| 比较项 | 花园式 | 组合式 | 草坪式 |
| --- | --- | --- | --- |
| 维护成本 | 高 | 中等 | 低 |
| 灌溉频率 | 高 | 中等 | 低 |
| 植被种类 | 草坪、灌木、乔木 | 草坪、灌木 | 草坪 |
| 基质层厚度 | 150~400mm | 120~250mm | <15mm |
| 质量 | 180~500kg/m² | 120~200kg/m² | <150kg/m² |
| 成本 | 高 | 中等 | 低 |
| 使用目的 | 休闲娱乐 | 提高生物多样性、景观 | 生态修复、保护 |
| 能效 | 高 | 中等~高 | 低~中等 |

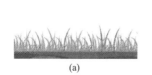 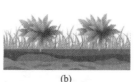 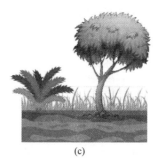

(a) 　　　　　　　　　　　(b) 　　　　　　　　　　　(c)

图 2-1　三类种植屋面示意图[4]

（a）草坪式；（b）组合式；（c）花园式

常见种植屋面的剖面结构如图 2-2 所示，从上至下依次为：植被层、基质层（或称为土壤层）、过滤层、排水层、防护层、防水层和结构层。其中过滤层、排水层以及防护层是出于屋顶蓄排水功能以及防止植被根系穿刺而设置，结构层作为上述结构的支撑结构一般需要加强荷载能力。由于屋顶特殊的环境（风大、昼夜温差大、土层薄），对于草坪式种植屋面一般选用具有以下特点的植被：根系浅、抗风、低养护、耐寒耐热耐旱、景观效果好等。国外通过多年的试验和研究，在种植屋面植被

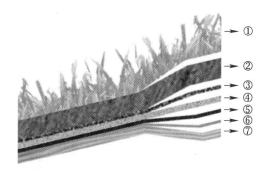

图 2-2　种植屋面的结构示意图[6]
①植被层；②基质层；③过滤层；④排水层；
⑤防护层；⑥防水层；⑦结构层

的选择上已经形成了较为成熟的标准体系。我国近年来在引进国外品种的同时，也注重了对本土植被资源的培育。《北京市屋顶绿化规范》以及《上海市屋顶绿化技术规范》等资料均推荐了适用于当地种植屋面的品种。以草坪式种植屋面为例，目前上海地区多采用景天科多肉植物，其中以佛甲草和垂盆草居多[7]。北京地区常见的品种有佛甲草、五叶地锦、狗牙根、萱草等[8]。

种植屋面使用的基质与地面绿化亦有很多不同。考虑到屋顶承重的限制，多采用轻型基质，但是又不能太轻，否则难以固定植物。为了保持良好的通气排水性能，基质的孔隙率也有一定的要求[9]。一般要求基质具有 30%～50% 的持水空隙和 15%～20% 的通气孔隙。此外，基质的养分、pH 范围以及气味、颜色等都需要合理配置。轻型基质的配方并不固定，一般根据当地的资源以及不同绿化类型合理选配。比如采用田园土与轻质骨料按照一定比例混合或者采用有机基质（如草炭稻壳灰、锯木屑）与无机基质（蛭石、珍珠岩）按照一定比例混合。表 2-2 为常用基质类型和配置比例的参考。

常用基质类型和配置比例[10]　　　　　　　　　　　　　　　　表 2-2

| 主要配比材料 | 配置比例 | 湿容重（kg/m²） |
|---|---|---|
| 田园土：轻质骨料 | 1：1 | 1200 |
| 腐叶土：蛭石：沙土 | 7：2：1 | 780～1000 |
| 轻砂壤土：腐殖土：蛭石 | 5：3：2 | 1100～1300 |
| 田园土：草炭：（蛭石和肥） | 4：3：3 | 1100～1300 |
| 田园土：草炭：松针土：珍珠岩 | 1：1：1：1 | 780～1100 |
| 轻砂壤土：腐殖土：珍珠岩：蛭石 | 2.5：5：2：0.5 | 1100 |
| 超轻量基质 | — | 450～650 |

注：基质湿容重一般为干容重的 1.2～1.5 倍。

建筑墙体绿化相较种植屋面更为复杂，植被选择受到更多因素的影响，比如墙体朝向、建筑高度、墙体材料等[11]。从形式上看，墙体绿化主要分为藤蔓式绿化、模块式绿化和铺贴式绿化[12,13]，如图 2-3 所示。藤蔓式绿化利用攀爬类植物（如爬山虎、藤萝）自身的吸附、缠绕、俯垂等作用，既可以在墙体表面也可以借助于支撑机构自由生长，但是需要考虑不同攀援植物对建筑墙体的破坏以及绿化效果的控制。模块式绿化指利用种植槽、草木板或者种植模块等，将绿色植物垂直种植在建筑墙体上的绿化方式。模块式绿化

的成本和维护费用高于藤蔓式，但是其优点在于安装成型迅速，植被选择范围大，对于墙体结构要求低，绿化效果更容易控制。铺贴式绿化是近年来兴起的一种墙体绿化方式，将灌溉和种植系统整合在一起，植物种植在种植毯或者种植袋内，通过钢架支撑或者利用安装在墙体上的高强度防水膜承担系统载荷。防水膜通过固定点与墙体连接，固定点需要经过特殊的防水处理。铺贴式绿化适宜景天科植物，不适宜藤蔓类植物。

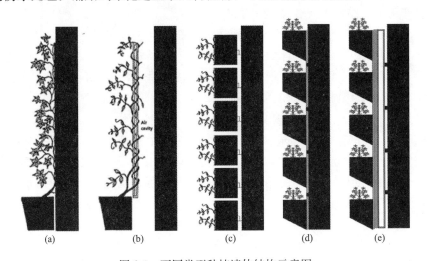

图 2-3　不同类型种植墙体结构示意图
（a）无支架藤蔓式；（b）有支架藤蔓式；（c）容器式；（d）无支架铺贴式；（e）有支架铺贴式

## 2.2　建筑立体绿化热性能的国内外研究现状

由于建筑立体绿化植被层在不同季节、气候、地域、灌溉维护模式下的生长状态存在较大差异，难以用普通建筑围护结构的物性参数（比如传热系数、热阻等）描述其传热性能。建筑立体绿化热过程的复杂性以及植被相关物性参数（比如叶面积指数、气孔阻力等）的缺乏也使得物理模型的准确性受到影响，通过现场实测了解立体绿化的温度及其热流分布是最为简单和直接的做法。随着立体绿化技术的普及，越来越多的学者对不同气候条件下建筑立体绿化的保温隔热性能进行了测试，以指导建筑立体绿化的设计，本章将对典型气候区的测试结果进行总结。

在热带地区，Nyuk Hien Wong 等人对新加坡某种植屋面（图 2-4）进行了测试，并与普通混凝土屋面和覆土屋面进行对照[14]。测试发现，当下午太阳辐射达到 $1400W/m^2$ 时，混凝土屋面外表面最高温度达到 57℃，最大日变化幅度为 30℃。对于覆土屋面，土壤表面最高温度为 42℃，最大日变化幅度为 20℃。而覆盖灌木的种植屋面基质层表面温度最高仅为 26.5℃，日波动幅度为 3℃。测试期间混凝土屋面、覆土屋面以及种植屋面进入室内的总得热量分别为 $366.3kJ/m^2$，$86.6kJ/m^2$ 和 $0kJ/m^2$；对应的从室内传递到室外的总散热量分别为 $4.2kJ/m^2$，$58kJ/m^2$ 和 $104.2kJ/m^2$，种植屋面显示出对室内的冷却作用。通过测试还发现，种植屋面上方 300mm 处空气温度比普通混凝土屋面上方 300mm 处的空气温度低，最大温差为 4.2℃。而在上方 1m 处，种植屋面相对混凝土屋面的降温作用有限。Donminique Morau 测试了留尼旺岛（热带雨林气候区）一处草坪式种植屋面（图 2-5）[15]。

结果显示，当室外空气温度达到 28.7℃时，沥青屋面温度高达 73.5℃，而种植屋面基质层底部（与屋面邻接）温度仅为 34.8℃。此外还发现植被冠层内的空气温度平均比绿化上方空气温度低 6.7℃，进入室内的热流仅占总辐射量的 2.5%。Nyuk Hien Wong 等人在新加坡 Hortpark 公园对八种不同类型的墙体绿化进行了测试（图 2-6）[16]，结果表明墙体绿化的基质层表面和结构层表面温度均比对应的裸墙表面温度低，但不同类型墙体绿化的降温幅度有所不同。最大温降一般出现在中午室外温度最高的时段，其中 3 号墙和 4 号墙的降温效果最佳，超过了 10℃。2 号墙由于植被稀疏以及没有基质层的保温作用，墙体热性能最差，仅降低 4.36℃。对于大多数墙体绿化，夜间基质表面温度比墙体结构层外表面温度低，而白天则比墙体外表面温度高。根据测试结果，墙体绿化对距离墙体 0.6m 范围内的周围环境具有降温作用，且距离越近，降温效果越好。

图 2-4　新加坡种植屋面测试现场[14]

图 2-5　留尼旺岛种植屋面测试现场[15]

图 2-6　新加坡种植墙体测试现场[16]

在亚热带地区，M. D. Orazio 测试了意大利安科纳地区一处种植屋面（图 2-7）[17]。测试结果表明，在夏季室外空气温度为 40℃时，普通混凝土屋面表面温度高达 80℃，通风屋面为 50℃，而种植屋面仅为 30℃。夏季普通屋面向室内释放热量，通过普通屋面进入室内的平均热流达到 3W/m²。种植屋面从室内吸收热量，通过种植屋面的平均热流为 -1.5W/m²。冬季普通屋面向室外放热，种植屋面的热流较普通屋面略小，保温能力有限。Ugo Mazzali 等人在意大利中部和北部地区对两处裸墙和墙体绿化进行了测试（图 2-8）[18]。结果表明，夏季晴天裸墙和绿化墙的外表面最大温差在 12~20℃之间，阴天介于 1~2℃

图 2-7　安科纳种植屋面测试现场[17]

之间。比较其中一处热流可以看出，通过绿化墙体的平均热流（31W/m²）显著低于普通裸墙的平均热流（54W/m²）。

在寒带地区，2005 年 Karen Liu 等人测试了位于多伦多地区的一处公共建筑种植屋面（图 2-9）[19]。结果显示，种植屋面在夏季平均可以减少 70%～90% 的得热量，而在冬季平均减少 10%～30% 的失热量。夏季可使防水层的温度降低 20℃以上，减小温度波动幅度 30℃。全测试周期内种植屋面共减少 95% 的夏季得热量以及 25% 的冬季失热量。Brad Brass 等人在加拿大多伦多大学对一处绿化墙体和普通砖墙进行了测试（图 2-10）[20]。测试发现下午 2 时 46 分时砖墙表面最高温度达到 56℃，绿化墙结构层表面温度和叶片表面温度均为 27℃，且全天平均温度分别为 43℃、26.8℃和 26.1℃。

图 2-8　意大利中部地区某绿墙测试现场[18]

图 2-9　多伦多种植屋面测试现场[19]

图 2-10　多伦多种植墙体测试现场[20]

最近二十年国内学者对立体绿化热性能的测试研究逐渐增多。C. Y. Jim 等人测试了我国香港郊区新城火车站（图 2-11）草坪式种植屋面的保温隔热性能[21]。在夏季晴天条件下，与普通混凝土屋面相比，种植屋面基质底层、植被冠层上方 10cm 处空气温度分别降低了 11℃和 4.5℃。阴雨天种植屋面的隔热效果减弱，整个夏季节能 28000kWh。白雪莲、赵定国、郭昶诗分别对重庆、上海和广州的草坪式种植屋面进行了现场测试。白雪莲[22] 的测试数据显示，草坪式种植屋面可以使得重庆地区屋顶外表面温度最大降低 24℃，平均降低 7.2℃，屋顶内表面温度最大降低 4.3℃，平均降低 1.3℃，热流全天均由室内流向室外。

图 2-11　香港火车站种植屋面测试现场[21]

赵定国[23] 的测试表明，上海地区草坪式种植屋面最大可以降低屋面外表面温度 16℃，室内空气温度降低幅度最大为 2℃。郭昶诗[24] 的测试结果显示，草坪式种植屋面最大可以降低广州地区屋面温度 11.1℃，平均 3.8℃。对于墙体绿化，国内大多数研究是以藤蔓式墙体绿化为测试对象，但是近年来对模块式绿墙的测试也逐渐增多，如表 2-3 所示。

国内建筑墙体绿化热性能的实验研究　　　　　　　　　　　　　　表 2-3

| 作者（时间） | 类型 | 地点 | 结果 |
| --- | --- | --- | --- |
| 霍明路<br>(2014 年)[25] | 藤蔓式绿墙 | 广州 | 测试了建筑物墙面上爬山虎、紫藤以及常春藤等绿化植物对建筑物外墙表面、内墙表面以及墙体四周环境温度的影响。结果发现爬山虎等覆盖的建筑物墙体表面温度低于裸露墙体表面温度 1.7～10.2℃，大部分时间超过 6.4℃。裸露墙面、绿化墙面以及植被表面最高温度分别为 42.1℃、32.5℃和 33.5℃ |
| 刘艳峰<br>(2015 年)[26] | 藤蔓式绿墙 | 驻马店 | 对爬山虎覆盖的建筑西墙和对照裸墙进行了测试，结果显示绿化墙体外表面平均温度比对应的普通墙体外表面平均温度昼夜分别低 4.9℃和 0.2℃，室内空气平均温度分别低 1.3℃和 1.7℃，证明墙体绿化能有效缓解夏季"西晒"的过热现象 |
| 李娟<br>(2002 年)[27] | 藤蔓式绿墙 | 重庆 | 对绿化和非绿化西墙进行测试，发现绿墙可以降低墙体外表面温度最大达到 23℃，降低墙体内表面温度 0.8～1.7℃ |
| 吕伟娅<br>(2012 年)[28] | 模块式绿墙 | 南京 | 模块式墙体绿化的建筑墙外表面、内表面以及室内空气温度比裸墙面最多可以降低 21.6℃、5.7℃和 5.2℃，整个夏季节电 39.97% |
| Chen et al.<br>(2013 年)[29] | 模块式绿墙 | 武汉 | 相对裸墙，建筑墙体绿化降低墙体外表面、内表面、室内空气最高温度分别为 20.8℃、7.7℃和 1.1℃ |
| 赵学义<br>(2013 年)[30] | 模块式绿墙 | 三亚 | 以办公楼的西向房间作为测试对象，对比分析了西外墙安装模块式绿化前后的室内热湿环境变化。实验发现，有绿化的房间夏季室内昼夜平均温度比无绿化的房间低 3～6℃，昼夜平均相对湿度的波动幅度减少 10%～20% |
| 宫伟<br>(2009 年)[31] | 藤蔓式绿墙 | 哈尔滨 | 夏季三叶地锦覆盖的墙体比裸墙平均降低局部空气温度 5.5℃，最高降温幅度达到 6.8℃。五叶地锦覆盖的墙体平均可以降低局部空气温度 9.9℃，最高降温幅度达到 13℃。作者认为五叶地锦比三叶地锦降温效果更好的原因是五叶地锦的覆盖厚度相比三叶地锦更厚 |

综合以上研究可以发现，尽管在不同地理、气候、建筑条件下立体绿化表现出的热性能有所差异，但是通过与对照屋面或者墙体的热性能进行比较，建筑立体绿化的保温隔热性能得到了量化描述。由于不同学者采取的测试方案不尽相同，难以对不同建筑立体绿化的热性能进行直接比较。此外，对建筑立体绿化整体温度分布的测试和传热过程机理的分析依然缺乏。

## 2.3 建筑立体绿化的热过程分析

如上所述，建筑立体绿化在不同条件下表现出不同的热性能。各地学者对建筑立体绿化热性能的影响因素开展了大量研究。Orna Schweizer[32]等人通过测试比较了以色列一处覆土屋面和种植屋面，结果发现覆土屋面的冷却效果不及种植屋面，作者认为植被层发挥了隔热作用。Nyuk Hien Wong[14]也指出种植屋面的隔热效果主要来自植被的遮阳作用。Barrio[33]、白雪莲[34]等人认为叶面积指数和叶片倾角分布对植被的遮阳效果具有决定性影响。Lazzarin[35]等人在相同气候条件下测试基质湿润和干燥时种植屋面的温度和热流，发现在干燥条件下基质表面最高温度可以达到55℃，而在湿润条件下仅为40℃。基质湿润条件下传入室内的热流比干燥条件下减少80％，因此作者认为湿润的基质有利于提高植被和基质表面的蒸腾蒸发作用，从而提高种植屋面的被动冷却效果。Onmura等人[36]数值模拟了有无植被蒸腾作用的种植屋面表面温度，结果显示不考虑蒸腾作用的屋面表面温度提高了0.5～5℃。Nardini等人[37]对位于意大利东北部地区的裸屋面和种植屋面进行比较测试发现，基质含湿量较低时，两者的屋面温差较大，因此作者认为较低的基质含湿量有助于提高种植屋面的热阻。Ting Sun[38]指出蒸腾作用的效果还取决于当地的气候，受到太阳辐射能和基质含湿量因素的共同影响。

在基质层厚度方面，Karen Liu和John Minor[20]在多伦多对两个不同厚度的草坪式种植屋面和一个钢结构普通屋面进行了对比测试，测试期间植被覆盖率仅为5％。测试结果表明，基质厚度为7.5cm和10cm的种植屋面，在夏季和冬季分别减少70％～90％和10％～30％的热流，因此研究者认为植被对种植屋面的作用很小，而较厚的基质有利于提高种植屋面的热阻。C. Y. Jim[39]对10cm、50cm和90cm三种厚度的种植屋面进行了长期测试，结果显示10cm厚的基质就可以使得屋面结构层温度达到稳定。1999年，冯雅[40]通过实验发现基质层厚度大于16cm后，白天室内温度趋向于稳定，因此认为种植屋面的基质层厚度应该限制在20cm以内，以减小屋面载荷。Nardini等人[37]的实验结果显示，种植屋面基质层厚度为12cm和20cm时屋面温度存在显著差异。Ting Sun等人[38]认为，尽管较厚的基质具有更大的热阻，但是较多的水分储存在基质底部，限制基质表面的蒸发作用，因此基质厚度存在最佳值。Issa Jaffal等人[41]通过计算发现，种植屋面的热性能取决于屋顶的保温水平，只有在没有保温和中等保温情况下，种植屋面才能显示出保温隔热效果，因此种植屋面在老旧建筑改造上具有优势。

在炎热的夏季，种植屋面的隔热降温作用得到普遍认可，在冬季的作用则不完全相同。例如C. Y. Jim和Tsang[39]对我国香港花园式种植屋面的测试研究表明，冬季种植屋面使热量加速从室内流向室外。M. D. Orazio等人[18]在意大利安科纳的现场测试表明，与普通屋面相比，种植屋面向室外释放的热流仅略有减小。Karen Liu[20]在加拿大多伦多市的测试结果显示，种植屋面在冬季依然具有较好的保温效果，平均减少 10％～30％ 的热损失，只有当屋面被雪覆盖时，种植屋面相对普通屋面的保温性能才会减弱。Jim 和 Peng 等人[42]对我国香港一处草坪式种植屋面的热性能测试结果表明，强烈的太阳辐射、高风速、低空气相对湿度有助于提高绿化的冷却效果。

针对墙体绿化，K. J. Kontoleon[43]在希腊北部地区研究了夏季不同绿化朝向以及植被覆盖率对墙体热性能的影响。结果显示随着植被覆盖率的增大，墙体绿化的冷却效果增强，东向或西向的植被对墙体的冷却作用优于其他朝向。Chen 等人[29]测试发现，封闭空气间层的绿化墙比自然通风间层的绿化墙具有更好的冷却效果。在 30～600mm 的范围内，空气间层的尺寸越小，绿化墙的冷却效果越好。Y. Stav 等人[44]的研究显示，绿化墙体的土壤厚度从 6cm 增加到 8cm 可以使节能率从 2％ 增加到 18％，作者认为滞水能力强的土壤以及高密度的植被叶片有助于提高墙体绿化的隔热效果。

建筑立体绿化的散热方式如表 2-4 所示。研究表明，建筑立体绿化的热性能受到植被层的遮阳作用、植被层以及土壤表面的蒸散和对流换热、土壤层的隔热蓄热作用的影响。下文将对植被冠层的辐射传输、植被层和基质层与大气之间的热传递以及土壤层的热湿耦合传递过程进行详细介绍。

建筑立体绿化的热交换途径　　　　　　　　　　　　　　　　　　表 2-4

| 作者 | 时间 | 地点 | 结果 |
|---|---|---|---|
| E. Ekaterini & A. Dimitris[45] | 1997 年 | 希腊塞萨洛尼基 | 种植屋面反射 27％ 的太阳辐射。通过蒸散、对流等消耗 60％ 的太阳辐射，仅约 13％ 的太阳辐射能量传递进入室内 |
| Lazzarin[35] | 2005 年 | 意大利威尼托帕多瓦 | 夏季湿润的种植屋面反射 23％ 的太阳辐射，吸收 39％ 的太阳辐射，对流散热占 13％，蒸散散热占 25％。冬季主要散热方式为蒸散，约占总得热量的 63％ |
| 冯驰[46] | 2010 年 | 中国广州 | 晴朗的夏季，一天 24h 内土壤含水率适中的种植屋面，太阳辐射占总得热的 97.6％，对流换热占总得热的 2.3％。在能量耗散的各种途径中，蒸散作用占 51.5％，其次是净长波辐射占 40.1％，光合作用占 8.4％，只有不到 0.5％ 的热量进入室内 |
| Rabah Djedjig[47] | 2012 年 | 法国拉罗谢尔 | 土壤水分亏缺时，种植屋面主要以对流方式耗散太阳辐射得热，在土壤含湿量较高时，潜热散热增多 |

## 2.3.1　植被冠层的辐射传输过程

植被冠层的辐射传输指辐射在植被冠层内的传递和分布。植被冠层内的短波辐射主要有两部分：一部分来自阳光的直射辐射；另一部分是散射辐射，既可以来自天空，也可以是来自天空的直射辐射和散射辐射受到植被冠层内枝叶等拦截后经过透射或者反射形成的散射辐射[48]。植被冠层内的长波辐射包括来自天空的长波辐射、土壤层表面和植物组织自身向外发射的长波辐射[49]。植物冠层内的辐射传输是一个非常复杂的过程，与植被冠层的光学特性、结构密切相关，如图 2-12 所示。目前大部分研究均将植被层假设为水平或者垂直方向上均匀的半透明介质，即植被冠层对辐射的吸收是各向同性的，而且植被冠层的入射辐射强度随着距离冠顶深度的增加而呈现指数形式下降[50]。

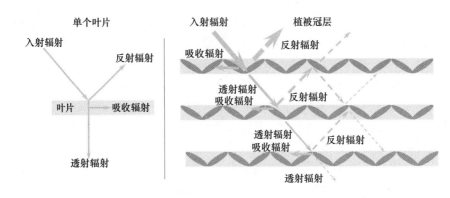

图 2-12　植被叶片和冠层的辐射传输过程示意图（作者自绘）

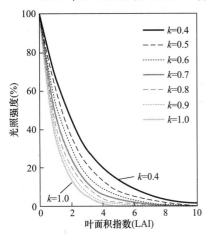

图 2-13　不同消光系数下植被冠层下方光照强度与叶面积指数的关系[56]

1953 年，Monsi 和 Saeki[51]首次提出用消光系数 $k$［式（2-1）］反映光照强度在植被冠层内的衰减速率，相同叶面积指数条件下 $k$ 值越大则光照强度在冠层内的衰减越快，如图 2-13 所示。$k$ 取决于叶片光学特性、形状以及辐射类型，不同研究采用的消光系数有较大差异。1975 年，Ross[52]给出了全辐射的经验消光系数范围在 0.3～1.5 之间。1992 年，Jones[53]进一步指出，由于太阳辐射在植被冠层内的多重反射效应，非水平叶片分布时消光系数小于 1，水平叶片分布时大于 1。消光系数可以用叶片倾角和太阳高度角的函数表示，消光系数越大表示植被的遮阳效果越好。C. Stanghellini[54]等人给出了长波辐射的消光系数经验值，如表 2-5 所示。基于该长波辐射消光系数，Goudriann[55]提出了用于计算太阳辐射消光系数的经验公式［式（2-2）］。按照植被冠层透射率的定义，提高植被冠层的消光系数或者叶面积指数，均可以降低透射率，如式（2-3）[33]所示。植被冠层吸收的太阳辐射不仅受到冠层辐射特性的影响，还受到土壤表面反射率的影响。特别是当植被冠层较为稀疏时，土壤表面反射的太阳辐射会增加植被冠层的净太阳辐射量。

$$k = -\ln\left(\frac{I_i}{I_o}\right)\cos\theta/(LAI\Omega) \tag{2-1}$$

$$k_s = \sqrt{(1-\tau_t)^2 - \rho_t^2} \times k_l \tag{2-2}$$

$$\tau_s = e^{(-k_s LAI)} \tag{2-3}$$

式中　$I_i$——植被冠层内太阳辐射；

　　　$I_o$——植被冠层上方的太阳辐射；

　　　$\theta$——太阳高度角；

　　　$\Omega$——植被聚集指数；

$\tau_t$ 和 $\rho_t$——分别为叶片的透射率和反射率；

　　　$k_l$——冠层长波辐射消光系数；

　　　$k_s$——短波辐射消光系数；

$LAI$——植被叶面积指数；

$\tau_s$——植被冠层短波辐射透射率。

长波辐射消光系数经验值　　　　　　　　　　　　表 2-5

| 叶片分布 | 消光系数 |
| --- | --- |
| 水平 | $1 \sim 1.05$ |
| 圆锥形 45° | 0.829 |
| 垂直形 90° | 0.436 |
| 球形 | $0.684 \sim 0.81$ |

## 2.3.2　植被层、土壤层与大气之间的对流显热和潜热传递

由于植被冠层结构的复杂性，植被冠层与大气之间的对流显热传递主要采用阻力传导模型或者整体热传递系数描述，如式（2-4）所示。植被叶片被近似为等温的平板、圆柱体或者球体，层流受迫对流换热的阻力可以通过经验公式估计得到[53]。但是，由于建筑屋顶或者墙体附近的空气存在湍流，按照层流计算导致阻力估计偏小。有些研究者将经过修正的平板受迫紊流和层流对流换热系数用于植被层与大气之间的换热计算，该对流换热系数是叶片特征长度和风速的非线性函数[57,58]。另一种计算传热阻力的方法采用了对数风速廓线下的湍流扩散系数[59,60]，一般用于气象学的中尺度分析，一些种植屋面模型采用这种方法结合大气稳定度函数以考虑浮力效应对换热阻力的影响[61,62]。这种方法的优点是不需要描述研究对象的特征长度，但其缺点是假定绿化表面的湍流是由表面剪切应力产生，忽略了迎风阻力的影响。还有一些学者直接采用风速的线性经验关系式计算绿化层的对流换热系数[63,64]。

$$Q_{\text{sensible}} = \frac{\rho C_p}{r_a}(T_l - T_{\text{air}}) = h_c(T_l - T_{\text{air}}) \tag{2-4}$$

式中　$\rho C_p$——空气体积热容，$J/(m^3 \cdot K)$；

　　　$r_a$——空气动力学阻力，$s/m$；

　　　$T_l$——叶片温度，℃；

　　　$T_{\text{air}}$——空气温度，℃；

　　　$h_c$——对流换热系数，$W/(m^2 \cdot K)$；

　　　$Q_{\text{sensible}}$——绿化表面释放的对流显热，$W/m^2$。

植被层与大气之间的潜热传递主要是通过气孔释放水蒸气产生的[65]。气孔是指叶片上可以由叶片保卫细胞自动调节的小孔（图 2-14），允许二氧化碳、氧气以及水蒸气进出，通过开关气孔实现叶片蒸腾速率的调节。

植被蒸腾速率受到诸多因素的影响，比如太阳辐射强度、大气温度、空气湿度、土壤含水量以及植被种类等。1980 年，Gates[66] 提出以空气湿度为驱动力的蒸腾率计算公式：$E = (e_s - e_{\text{air}})f(u)$。

图 2-14　扫描电子显微镜下的叶片气孔[65]

其中（$e_s - e_{air}$）为叶片表面与大气之间的水蒸气分压力差，$f(u)$来自Penman1948年的经验公式[67]。不同学者针对植被类型和现场条件对其进行了修正[68]，但是这些线性回归方程不能表征其他变量（比如辐射、温度、土壤含水率等）对蒸腾率的影响。1965年Monteith引入叶片气孔阻力和空气动力学阻力计算蒸腾率[69]，叶片气孔阻力一般表示成上述不同因素的函数，如式（2-5）所示。该公式在计算时需要考虑叶片表面的蒸气压或者表面温度，这往往难以获得。针对上述不足，Penman等人基于叶片的能量平衡方程开发了一个新模型，随后Monteith在Penman等人工作的基础上提出了理论性更强、适用于作物潜热估算的阻力模型，即Penman-Monteith模型[70]。该模型假设植被冠层是一片"大叶"，具有植被冠层的平均物理特性，如图2-15所示。在计算蒸气压时不需要叶片表面温度，只需要一定高度的温湿度数据即可。该模型也被美国食品和农业协会推荐作为计算灌溉良好的草坪表面的蒸散率。2005年，Lazzarin[35]也采用了Penman-Monteith公式用于估算种植屋面的蒸散率。

$$r_s = \frac{r_{st,min}}{LAI} f(solar) f(water) f(VPD) f(temperature) \qquad (2-5)$$

式中　$r_s$——叶片气孔阻力，s/m；

　　　$r_{st,min}$——叶片最小气孔阻力，s/m；

　　　$LAI$——植被冠层叶面积指数；

$f(solar)$、$f(water)$、$f(VPD)$、$f(temperature)$——分别表示太阳辐射、土壤含水率、蒸气压差和空气温度对叶片气孔阻力的影响函数。

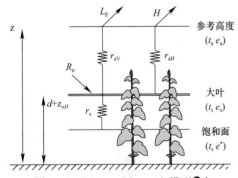

图2-15　Penman-Monteith模型❶中
"Big leaf"示意图[73]

土壤表面对流显热传递和潜热传递一般采用传热传质系数或者阻力模型[74]。对于阻力模型，土壤表面的潜热传递除了受到植被冠层的空气动力学阻力之外，还受到土壤表面蒸发阻力的作用。土壤表面蒸发阻力与土壤表层的含水率有关。土壤越干燥，蒸发阻力越大，蒸发作用越弱[75,76]。植被冠层空气动力学阻力一般表示为风速的经验关系式，或者根据湍流扩散系数经验关系式计算[47,62,77]。表2-6总结了目前建筑立体绿化热性能模型中的潜热计算模型，常用的计算方法主要有两类：（1）采用对流质交换系数或者蒸汽压力差结合质传递阻力模型；（2）采用Bowen率或者蒸发率系数。第一类计算方法中不同模型最大的区别在于质交换系数或者阻力形式不同。第二类方法中的Bowen率是指下垫面释放的对流显热和潜热量的比值，如式（2-6）所示。2006年，Gaffin指出对于种植屋面该值一般为0.12～0.35之间[71]。Jacobs等人根据土壤含湿量状况，对Bowen率进行了系数修正[72]。

---

❶　Penman-Monteith模型将三维植物冠层简化为（$d + z_{oH}$）高度处的一维"大叶"，在水蒸气分压力的驱动下，"大叶"与大气之间的潜热传递（$LE$）需要克服空气动力学阻力（$r_{aV}$）和叶片表面阻力（$r_s$），对流显热传递（$H$）需要克服空气动力学阻力（$r_{aH}$）。图中$t_a$和$e_a$分别表示参考高度处的空气温度和水蒸气分压力，$t_s$表示"大叶"平均温度，$e_s$和$e^*$分别表示叶片附近和叶片气孔处的空气水蒸气分压力。$d$和$z_{oH}$分别表示植被冠层的零平面位移和粗糙度。

$$\beta = \frac{Q_{sensible}}{Q_{latent}} \tag{2-6}$$

式中　$\beta$——Bowen 率；

$Q_{sensible}$ 和 $Q_{latent}$——分别为绿化表面释放的对流显热和潜热，$W/m^2$。

常见立体绿化潜热计算模型　　　　　　　　　　　　　　表 2-6

| 模型 | 潜热计算公式 |
|---|---|
| 模型 1[63] | $Q_{latent} = 0.0738(1.0 + 0.85u) \times [e_s(T_l) - e_a]$ |
| 模型 2[33] | $Q_{latent} = 2LAI \dfrac{\rho C_p}{\gamma(r_a + r_s)}[e_s(T_l) - e_a] + \widetilde{h_g}[e_s(T_g) - e_a]$ |
| 模型 3[78] | $Q_{latent} = LAI \dfrac{\rho C_p}{\gamma(r_a + r_s)}[e_s(T_l) - e_a] + \dfrac{\rho C_p}{\gamma(r_g + r_a)}[e_s(T_g) - e_a]$ |
| 模型 4[35] | $Q_{latent} = K_c \left( \dfrac{\Delta(R_n + A_o) + \gamma f(u)[e_s(T_a) - e_a]}{\Delta + \gamma} \right)$ |
| 模型 5[79] | $Q_{latent} = (0.8 + 0.2K_r) \dfrac{\Delta(R_n - G) + (\rho C_p)\dfrac{[e_s(T_a) - e_a]}{r_a}}{\left[ \Delta + \gamma \left( 1 + \dfrac{r_s}{r_a} \right) \right]}$ |
| 模型 6[80] | $Q_{latent} = \dfrac{(R_n - G)}{1 + \beta}$ |
| 参数列表 | $u$——风速；$e_s$——饱和水蒸气分压力；$e_a$——参考高度空气水蒸气分压力；$T_l$——叶片温度；$\widetilde{h_g}$——土壤表面质传递系数；$LAI$——叶面积指数；$\rho C_p$——空气体积热容；$\gamma$——湿度计常数；$r_a$——空气动力学阻力；$r_s$——气孔阻力；$T_g$——土壤表面温度。$\Delta$——饱和蒸气压关于温度的斜率；$R_n$——净辐射量；$G$——进入土壤的热流；$\beta$——Bowen 率；$K_c$——植物修正系数；$A_o$——对流换热量；$K_r$——土壤蒸发系数 |

### 2.3.3　土壤层的热湿传递

　　土壤层是植被赖以生存的基础，是由固体骨架、土壤溶液和各种气体组成的多孔介质[81]。土壤层的热湿传递过程不仅影响传入室内的热量，也影响植被层的能量平衡[82]。关于土壤的热湿传递过程，已有很多学者进行过研究。1852～1855 年法国著名水力学家达西经过大量的土柱实验，阐明了水分通过土壤时的能量损失规律，并提出了著名的达西定律。但是达西定律只适用于饱和状态下的水分流动过程，在绝大多数实际情况下立体绿化的土壤层都是处于非饱和状态，非饱和状态下的水分流动与饱和状态下的水分流动存在较大差异[83]，主要体现为：（1）饱和状态下水流的驱动力是正压力势和重力势梯度，而非饱和土壤中的水分运动驱动力则主要为基质势和重力势梯度；（2）非饱和土壤水导率远小于饱和土壤水导率，并且随着土壤水势的变化而变化；（3）土壤孔隙分布对饱和水和非饱和水流动的影响也存在差异。对于大孔隙较多的土壤，低土壤吸力下对饱和水的流通性有利；当吸力上升到一定程度时，大孔隙的水分被抽干，土壤水分传导率急速下降。而对于细孔隙较多的土壤，即使在较高的土壤吸力下，依然能保持水分，水分传导率虽低却仍能够保持一定的数值。

1931 年，Richardson 在达西定律的基础上推导出非饱和土壤水分迁移方程，认为水的势能是一定温度下所具有的做功能力[84]。随后研究者发展了纯液体扩散理论、蒸发冷凝理论、毛细理论等[85]。上述理论模型仅考虑了土壤内部湿分驱动的单一机制，由于土壤内部结构的复杂性，上述理论难以较好地反映实际情况。在后来的研究中，研究者考虑了湿分迁移的多种机制。例如 1957~1987 年，Philip 和 DeVries[86] 认为土壤中的湿分传输同时存在气相和液相两种形态，该两相流的迁移过程都是由温度梯度和含湿量梯度驱动的。作者以温度梯度和含湿量梯度为驱动力，提出了热湿耦合迁移模型，该模型的湿传递有四种基本构成：（1）等温液体传输；（2）等温蒸气传输；（3）热液体传输；（4）热蒸气传输。Hillel[87] 等人进一步发展了 Phillip 和 DeVries 的理论模型，建立了以基质势和温度为驱动力的土壤水、汽、热耦合方程，并使其可以适用于非均匀介质。1964 年，Taylor-Cary 等人[88] 考虑不可逆热力学定律，提出了温度梯度下的土壤水分运动理论。同年，Luikov[89] 将不可逆热力学方法应用到多孔介质的热湿迁移中，建立以温度、湿分和压力为驱动力的三场模型。1975 年 Luikov[90] 对土壤热湿耦合迁移模型中的物性参数进行了简化，提出了 4 参数模型。近年来国际上学者开发的模型大多是在上述模型基础上进行的修正和完善，并应用到不同领域中。

林家鼎[91] 对无植被土壤内的水分迁移、温度变化以及表面蒸发现象进行了研究，给出了对应的物理模型和计算方法。蔡树英采用室内蒸发实验验证了土壤中水、汽、热迁移的耦合模型，该模型更加准确地反映了温度变化条件下的土壤水热迁移规律。夏彦儒和施明恒[92] 将线性不可逆过程热力学方法应用到岩土热质传递过程的分析中，导出了线性唯象方程组和热质交换干扰准则用于描述多驱动力耦合的迁移过程。陈振乾等人[93] 基于非平衡热力学理论分析了土壤非饱和区热湿迁移的热力学"力"和"流"，推导出了该迁移过程对应的热力学唯象方程。利用扩散定律和气体状态方程推导了唯象方程中系数的表达式，并分析了不同因素对唯象系数的影响。雷树业[94] 等人以温度、压力、含湿量为驱动力，依据渗流和热扩散机理建立了土壤热湿迁移模型。刘伟等人[95] 以 Philip 和 DeVries、Luikov 等人的经典模型为基础，发展了类似 N-S 方程的多场-相变-扩散模型，包含的机理和物理场信息更加全面。刘炳成等人[96] 研究了土壤水分在有温度梯度存在条件下的分布情况，并建立了土壤热湿迁移模型，用于模拟分析土壤温度变化对土壤水分迁移的影响。天津大学杨睿[97] 建立了非饱和土壤热湿耦合方程，模拟了土壤含湿量对温度分布的影响。隋红建、康绍忠、杨邦杰、任理等人对不同覆盖条件下的土壤水热迁移进行了模拟，实现了不同覆盖条件下非均匀土壤水热分布的定量分析[98]。

## 2.4　本章小结

建筑立体绿化形式多样，其热过程是一个涉及多层材料参与、不同物理过程耦合的复杂过程。通过实验测定建筑立体绿化热性能是最直接简便的方法，但是难以进一步拓展和应用，而建筑立体绿化热湿传递过程的理论模型则可以模拟预测不同场景下建筑立体绿化的热性能。因此，基于现场实验建立并验证相应的热过程模型，用于分析本地气候条件下建筑立体绿化的热性能已成为常用的研究方法。

## 本章参考文献

[1] Morille B, Musy M, Malys L. Preliminary study of the impact of urban greenery types on energy consumption of building at a district scale: Academic study on a canyon street in Nantes (France) weather conditions [J]. Energy and Buildings, 2016, 114: 275-282.

[2] Li D, Bou-Zeid E, Oppenheimer M. The effectiveness of cool and green roofs as urban heat island mitigation strategies [J]. Environmental Research Letters, 2014, 9 (5): 055002.

[3] Dunnett N, Kingsbury N. Planting green roofs and living walls [M]. Portland, OR: Timber press, 2008.

[4] Catalbas M C, Kocak B, YenipInar B. Analysis of photovoltaic-green roofs in OSTIM industrial zone [J]. International Journal of Hydrogen Energy, 2021, 46 (27): 14844-14856.

[5] Carson T B, Marasco D E, Culligan P J, et al. Hydrological performance of extensive green roofs in New York City: observations and multi-year modeling of three full-scale systems [J]. Environmental Research Letters, 2013, 8 (2): 024036.

[6] Ayata T, Tabares-Velasco P C, Srebric J. An investigation of sensible heat fluxes at a green roof in a laboratory setup [J]. Building and environment, 2011, 46 (9): 1851-1861.

[7] 魏艳, 赵惠恩. 屋顶绿化植物筛选研究进展及发展分析 [C]//2006 年中国园艺学会观赏园艺专业委员会年会, 2006.

[8] 李悦, 李庆卫. 北京地区屋顶绿化植物材料选择研究 [J]. 现代园艺, 2021, 44 (11): 156-158.

[9] 李谦盛. 屋顶绿化栽培基质的选择 [J]. 安徽农业科学, 2005, 33 (1): 84-85.

[10] 王天. 《种植屋面工程技术规程》JGJ 155—2007 介绍 [J]. 广东建设信息: 建设工程选材指南, 2007 (11): 8-10.

[11] 岳拯航. 建筑外墙垂直绿化设计研究 [D]. 沈阳: 沈阳建筑大学, 2014.

[12] Bustami R A, Belusko M, Ward J, et al. Vertical greenery systems: A systematic review of research trends [J]. Building and Environment, 2018, 146: 226-237.

[13] Safikhani T, Abdullah A M, Ossen D R, et al. A review of energy characteristic of vertical greenery systems [J]. Renewable and Sustainable Energy Reviews, 2014, 40: 450-462.

[14] Wong N H, Chen Y, Ong C L, et al. Investigation of thermal benefits of rooftop garden in the tropical environment [J]. Building and environment, 2003, 38 (2): 261-270.

[15] Morau D, Libelle T, Garde F. Performance evaluation of green roof for thermal protection of buildings in Reunion Island [J]. Energy Procedia, 2012, 14: 1008-1016.

[16] Wong N H, Tan A Y K, Chen Y, et al. Thermal evaluation of vertical greenery systems for building walls [J]. Building and environment, 2010, 45 (3): 663-672.

[17] Jim C Y, Peng L L H. Weather effect on thermal and energy performance of an extensive tropical green roof [J]. Urban Forestry & Urban Greening, 2012, 11 (1): 73-85.

[18] D'orazio M, Di Perna C, Di Giuseppe E. Green roof yearly performance: A case study in a highly insulated building under temperate climate [J]. Energy and Buildings, 2012, 55: 439-451.

[19] Mazzali U, Peron F, Romagnoni P, et al. Experimental investigation on the energy performance of Living Walls in a temperate climate [J]. Building and Environment, 2013, 64: 57-66.

[20] Liu K, Minor J. Performance evaluation of an extensive green roof [C]//Presentation at Green Rooftops for Sustainable Communities, Washington DC, 2005.

[21] Bass B, Baskaran B. Evaluating rooftop and vertical gardens as an adaptation strategy for urban are-

as〔R〕. National Research Council of Canada，2003.

〔22〕 白雪莲，冯雅，刘才丰. 生态型节能屋面的研究（之二）——种植屋面实测结果与数值模拟的对比分析〔J〕. 四川建筑科学研究，2001，27（3）：60-62.

〔23〕 赵定国，唐鸣放，薛伟成，等. 轻型屋顶景天绿化的降温效果〔J〕. 建设科技，2006（13）：104-105.

〔24〕 郭昶诗，赵立华. 广州地区种植屋顶隔热性能测试及模拟〔C〕//城市化进程中的建筑与城市物理环境：第十届全国建筑物理学术会议论文集，2008.

〔25〕 霍明路，陈观生，黄森泉. 夏热冬暖地区建筑垂直绿化对墙体温度的影响〔J〕. 建筑节能，2014，42（7）：54-56.

〔26〕 刘艳峰，陈迎亚，王登甲，等. 垂直绿化对室内热环境影响测试研究〔J〕. 西安建筑科技大学学报：自然科学版，2015，47（3）：423-426.

〔27〕 李娟. 建筑物绿化隔热与节能〔J〕. 暖通空调，2002，32（3）：22-23.

〔28〕 吕伟娅，陈吉. 模块式立体绿化对建筑节能的影响研究〔J〕. 建筑科学，2012，28（10）：46-50.

〔29〕 Chen Q，Li B，Liu X. An experimental evaluation of the living wall system in hot and humid climate〔J〕. Energy and buildings，2013，61：298-307.

〔30〕 赵学义，黄海. 建筑外墙绿化对室内热环境的影响测试分析〔J〕. 建筑节能，2013（6）：40-43.

〔31〕 宫伟，韩辉，刘晓东，等. 哈尔滨市垂直绿化植物降温增湿效应研究〔J〕. 国土与自然资源研究，2009（4）：69-70.

〔32〕 Schweitzer O，Erell E. Evaluation of the energy performance and irrigation requirements of extensive green roofs in a water-scarce Mediterranean climate〔J〕. Energy and Buildings，2014，68：25-32.

〔33〕 Del Barrio E P. Analysis of the green roofs cooling potential in buildings〔J〕. Energy and buildings，1998，27（2）：179-193.

〔34〕 白雪莲，冯雅，刘才丰. 生态型节能屋面的研究（之一）——种植屋面热湿迁移的数值分析〔J〕. 四川建筑科学研究，2001，27（2）：62-64.

〔35〕 Lazzarin R M，Castellotti F，Busato F. Experimental measurements and numerical modelling of a green roof〔J〕. Energy and Buildings，2005，37（12）：1260-1267.

〔36〕 Onmura S，Matsumoto M，Hokoi S. Study on evaporative cooling effect of roof lawn gardens〔J〕. Energy and buildings，2001，33（7）：653-666.

〔37〕 Nardini A，Andri S，Crasso M. Influence of substrate depth and vegetation type on temperature and water runoff mitigation by extensive green roofs：shrubs versus herbaceous plants〔J〕. Urban Ecosystems，2012，15（3）：697-708.

〔38〕 Sun T，Bou-Zeid E，Ni G H. To irrigate or not to irrigate：Analysis of green roof performance via a vertically-resolved hygrothermal model〔J〕. Building and Environment，2014，73：127-137.

〔39〕 Jim C Y，Tsang S W. Biophysical properties and thermal performance of an intensive green roof〔J〕. Building and Environment，2011，46（6）：1263-1274.

〔40〕 冯雅，陈启高. 种植屋面热过程的研究〔J〕. 太阳能学报，1999，20（3）：311-315.

〔41〕 Jaffal I，Ouldboukhitine S E，Belarbi R. A comprehensive study of the impact of green roofs on building energy performance〔J〕. Renewable energy，2012，43：157-164.

〔42〕 Peng L L H，Jim C Y. Seasonal and diurnal thermal performance of a subtropical extensive green roof：The impacts of background weather parameters〔J〕. Sustainability，2015，7（8）：11098-11113.

〔43〕 Kontoleon K J，Eumorfopoulou E A. The effect of the orientation and proportion of a plant-covered wall layer on the thermal performance of a building zone〔J〕. Building and environment，2010，45（5）：1287-1303.

［44］　Stav Y，Lawson G. Vertical vegetation design decisions and their impact on energy consumption in subtropical cities ［C］//The sustainable city Ⅶ：urban regeneration and sustainability ［WIT Transactions on Ecology and the Environment，Volume 155］，2012.

［45］　Eumorfopoulou E，Aravantinos D. The contribution of a planted roof to the thermal protection of buildings in Greece ［J］. Energy and buildings，1998，27 (1)：29-36.

［46］　冯驰，张宇峰，孟庆林. 植被屋顶热工性能研究现状 ［J］. 华中建筑，2010 (2)：91-94.

［47］　Djedjig R，Ouldboukhitine S E，Belarbi R，et al. Development and validation of a coupled heat and mass transfer model for green roofs ［J］. International Communications in Heat and Mass Transfer，2012，39 (6)：752-761.

［48］　Zhao W，Qualls R J. A multiple-layer canopy scattering model to simulate shortwave radiation distribution within a homogeneous plant canopy ［J］. Water resources research，2005，41 (8).

［49］　Zhao W，Qualls R J. Modeling of long-wave and net radiation energy distribution within a homogeneous plant canopy via multiple scattering processes ［J］. Water resources research，2006，42 (8).

［50］　Vera S，Pinto C，Tabares-Velasco P C，et al. A critical review of heat and mass transfer in vegetative roof models used in building energy and urban environment simulation tools ［J］. Applied energy，2018，232：752-764.

［51］　Monsi M，Saeki T. The light factor in plant communities and its significance for dry matter production ［J］. Japanese Journal of Botany，1953，14 (1)：22-52.

［52］　Ross J. Radiative transfer in plant communities ［J］. Vegetation and the Atmosphere，1975：13-55.

［53］　Jones H G. Plants and microclimate：a quantitative approach to environmental plant physiology ［M］. Cambridge university press，2013.

［54］　Stanghellini C. Radiation absorbed by a tomato crop in a greenhouse ［R］. IMAG，1983.

［55］　Goudriaan J. The bare bones of leaf-angle distribution in radiation models for canopy photosynthesis and energy exchange ［J］. Agricultural and forest meteorology，1988，43 (2)：155-169.

［56］　Plant factory：an indoor vertical farming system for efficient quality food production ［M］. Academic press，2019.

［57］　Schuepp P H. Tansley review No. 59. Leaf boundary layers ［J］. New Phytologist，1993：477-507.

［58］　Gaffin S，Rosenzweig C，Parshall L，et al. Energy balance modeling applied to a comparison of white and green roof cooling efficiency ［R］. Green roofs in the New York Metropolitan region research report，2010.

［59］　Alexandri E，Jones P. Developing a one-dimensional heat and mass transfer algorithm for describing the effect of green roofs on the built environment：Comparison with experimental results ［J］. Building and Environment，2007，42 (8)：2835-2849.

［60］　ALLEN R G. Crop evapotranspiration-Guidelines for computing crop water requirements ［J］. FAO Irrigation and Drainage，1998，17：50-53.

［61］　Zhang J Q，Fang X P，Zhang H X，et al. A heat balance model for partially vegetated surfaces ［J］. Infrared physics & technology，1997，38 (5)：287-294.

［62］　Sailor D J. A green roof model for building energy simulation programs ［J］. Energy and buildings，2008，40 (8)：1466-1478.

［63］　Nayak J K，Srivastava A，Singh U，et al. The relative performance of different approaches to the passive cooling of roofs ［J］. Building and Environment，1982，17 (2)：145-161.

［64］　Cappelli D'Orazio M，Cianfrini C，Corcione M. Effects of vegetation roof shielding on indoor temperatures ［J］. Heat and Technology，1998，16 (2)：85-90.

[65] Alexandri E. Investigations into mitigating the heat island effect through green roofs and green walls [M]. The University of Wales College of Cardiff (United Kingdom), 2006.

[66] Gates D M. Biophysical ecology [M]. Courier Corporation, 2012.

[67] Penman H L. Natural evaporation from open water, bare soil and grass [J]. Proceedings of the Royal Society of London. Series A. Mathematical and Physical Sciences, 1948, 193 (1032): 120-145.

[68] Jensen M E, Burman R D, Allen R G. Evaporation and irrigation water requirements. ASCE Manuals and Reports on Eng. Practices No. 70 [R]. Am. Soc. Civil Eng., New York, NY, 1990.

[69] Hillel D. Introduction to environmental soil physics [M]. Elsevier, 2003.

[70] Thom A S. Momentum, mass, and heat exchange of plant communities [J]. Vegetation and the Atmosphere, 1975, 1: 57-109.

[71] Gaffin S, Rosenzweig C, Parshall L, et al. Quantifying evaporative cooling from green roofs and comparison to other land surfaces [C]//The 4th annual international greening rooftops for sustainable communities conference, 2006.

[72] Jacobs A F G, Verhoef A. Soil evaporation from sparse natural vegetation estimated from Sherwood numbers [J]. Journal of Hydrology, 1997, 188: 443-452.

[73] Alves I, Perrier A, Pereira L S. Aerodynamic and surface resistances of complete cover crops: how good is the "big leaf"? [J]. Transactions of the ASAE, 1998, 41 (2): 345-351.

[74] Tabares-Velasco P C. Predictive heat and mass transfer model of plant-based roofing materials for assessment of energy savings. [D]. The Pennsylvania State University, 2009.

[75] De Silans A P, Bruckler L, Thony J L, et al. Numerical modeling of coupled heat and water flows during drying in a stratified bare soil—comparison with field observations [J]. Journal of Hydrology, 1989, 105 (1-2): 109-138.

[76] Kondo J, Saigusa N, Sato T. A parameterization of evaporation from bare soil surfaces [J]. Journal of Applied Meteorology and Climatology, 1990, 29 (5): 385-389.

[77] Tabares-Velasco P C, Zhao M, Peterson N, et al. Validation of predictive heat and mass transfer green roof model with extensive green roof field data [J]. Ecological Engineering, 2012, 47: 165-173.

[78] Tabares-Velasco P C, Srebric J. A heat transfer model for assessment of plant based roofing systems in summer conditions [J]. Building and Environment, 2012, 49: 310-323.

[79] Arkar C, Domjan S, Medved S. Heat transfer in a lightweight extensive green roof under water-freezing conditions [J]. Energy and Buildings, 2018, 167: 187-199.

[80] Jim C Y, He H. Coupling heat flux dynamics with meteorological conditions in the green roof ecosystem [J]. Ecological Engineering, 2010, 36 (8): 1052-1063.

[81] 范爱武, 刘伟, 王崇琦. 不同环境条件下土壤温度日变化的计算模拟 [J]. 太阳能学报, 2003, 24 (2): 167-171.

[82] He Y, Yu H, Ozaki A, et al. Influence of plant and soil layer on energy balance and thermal performance of green roof system [J]. Energy, 2017, 141: 1285-1299.

[83] 孙菽芬. 陆面过程的物理、生化机理和参数化模型 [M]. 北京: 气象出版社, 2005.

[84] Richards L A. Capillary conduction of liquids through porous mediums [J]. Physics, 1931, 1 (5): 318-333.

[85] 刘相东, 杨彬彬. 多孔介质干燥理论的回顾与展望 [J]. 中国农业大学学报, 2005, 010 (004): 81-92.

[86] Philip J R, De Vries D A. Moisture movement in porous materials under temperature gradients [J]. Eos, Transactions American Geophysical Union, 1957, 38 (2): 222-232.

［87］ Hillel D. Introduction to soil physics ［M］. Academic press，2013.

［88］ Taylor S A，Cary J W. Linear equations for the simultaneous flow of matter and energy in a continuous soil system ［J］. Soil Science Society of America Journal，1964，28（2）：167-172.

［89］ Luikov A V. Heat and Mass Transfer in Capillary-Porous Bodies ［J］. Advances in Heat Transfer，1964，1（C）：123-184.

［90］ Luikov A V. Systems of differential equations of heat and mass transfer in capillary-porous bodies ［J］. International Journal of Heat and mass transfer，1975，18（1）：1-14.

［91］ 林家鼎，孙菽芬. 土壤内水分流动、温度分布及其表面蒸发效应的研究——土壤表面蒸发阻抗的探讨 ［J］. 水利学报，1983（07）：3-10.

［92］ 夏彦儒，施明恒. 不平衡热力学在热、质输运中的应用 ［J］. 东南大学学报（自然科学版），1965（02）：105-113.

［93］ 陈振乾，施明恒，虞维平. 研究土壤热湿迁移特性的非平衡热力学方法 ［J］. 土壤学报，1998，35（2）：218-226.

［94］ 雷树业，杨荣贵，杜建华. 非饱和含湿多孔介质传热传质的渗流模型研究 ［J］. 清华大学学报（自然科学版），1999，39（6）：74-77.

［95］ 刘伟，范爱武，黄晓明. 多孔介质传热传质理论与应用 ［M］. 北京：科学出版社，2006.

［96］ 刘炳成，刘伟，李庆领. 温度效应对非饱和土壤中湿分迁移影响的实验 ［J］. 华中科技大学学报：自然科学版，2006，34（4）：106-108.

［97］ 杨睿. 含热源土壤热湿迁移模拟与埋地换热器实验研究 ［D］. 天津：天津大学，2007.

［98］ 温金梅，周军，侯丽丽. 水热耦合模型的研究现状及其应用 ［J］. 地下空间与工程学报，2010，6（A02）：1562-1564.

# 第3章 立体绿化热湿物性参数的测量

　　建筑立体绿化是指对建筑三维空间进行绿化的综合性现代技术，充分发挥了植物的多种生态环境效益，主要包括屋顶绿化和墙体垂直绿化。如图 2-2 和图 2-3 所示，建筑立体绿化一般由植被、基质层、防水阻根层等构成。与地面绿化的土壤不同，由于围护结构自身的承重限制以及在空间上的相对独立性，建筑立体绿化的基质材料一般具有自重轻、保水保肥、渗透性好、不板结等特性。近年来基质材料种类越来越多，其常见的成分一般有泥炭土、腐殖土、蛭石、珍珠岩、椰糠、稻壳、蘑菇土等[1]。基质层是植物赖以生长的基础，不仅提供了植物生长所需的水分和营养物质，其热湿物性参数还影响到围护结构的整体热性能[2]。建筑立体绿化基质热湿物性参数的相关研究如表 3-1 所示，包括水分特征曲线、导热系数、热容等。

建筑立体绿化基质的实验研究　　　　　　　　　　　　　　　　　　表 3-1

| 作者 | 时间 | 地点 | 结果 |
|---|---|---|---|
| D. J. Sailor[3] | 2011 年 | 美国 | 采用探针法对美国各地常见的 12 种种植屋面的基质导热系数和比热容进行了测试，发现基质的材料、含水率以及密度对基质热物性存在显著影响 |
| Salah-Eddine Ouldboukhitine[4] | 2012 年 | 法国 | 采用探针法对法国 5 种常见种植屋面的基质导热系数进行了测试，得到不同含湿率下各种基质的导热率 |
| Ginevra Alessandra Perelli[5] | 2014 年 | 加拿大安大略省伦敦市 | 测试了种植屋面基质的饱和渗透系数，其值介于 0.0166～0.0168cm/s 之间；测试了不同条件下基质的水分特征曲线，分析了不同因素对持水特性的影响；测试了种植基质的导热系数和比热容，发现不同基质的导热系数差异很大，但比热容相近 |
| Mingjie Zhao[6] | 2014 年 | 美国 | 采用探针法对美国 5 种常见种植屋面的基质热物性参数进行了测试，拟合得到了潮湿和干燥两种状态下基质的导热系数与比热容关于干密度的关系式 |
| 吕华芳[7] | 2011 年 | 中国北京 | 测试了某种植屋面基质的持水特性，得到了表征其持水性能的水分特征曲线。测试结果表明种植屋面的轻量基质密度远低于普通土壤，但持水效果比普通土壤好，压实后的饱和体积含湿率增大，持水性能更高 |
| 梅胜[8] | 2012 年 | 中国广东 | 采用 DRM-II 导热系数测试仪，对其开发的轻型种植基质进行测试，得到该基质在不同加热状态下等效导热系数的变化规律 |
| 龙华[9] | 2013 年 | 中国广东 | 测试得出种植屋面轻质基质的饱和渗透系数为 $2.31 \times 10^{-3}$cm/s |

　　上述测试表明，不同立体绿化基质的热湿物性存在显著差异，受到基质材料、含水率以及密度等因素的影响。建筑立体绿化热性能研究中，基质热湿物性参数常采用文献或者经验数据，本地基质的热湿物性数据库依然匮乏[5]。植被是建筑立体绿化的活性层，对建筑的降温能力主要是通过遮阳和蒸腾作用。影响植被遮阳和蒸腾作用的参数主要包括叶

面积指数（*LAI*）、叶片反射率和气孔阻力[10]。由于植物生长的动态特性以及灌溉维护水平的差异，植被的上述参数并不是恒定值，不同学者在研究中往往根据实测或者经验公式确定上述参数[11]。为了准确描述建筑立体绿化的热性能，本章将介绍基质层和植被层热性能相关参数的测试方法。

## 3.1　基质的热湿物性测试

以上海地区立体绿化为例，本节介绍常用种植基质的热湿物性参数测试方法以及测试结果。

### 3.1.1　基质的制备

上海地区常见的立体绿化基质主要有三类[1]：（1）田园土；（2）轻质营养土；（3）改良土，改良土是将田园土以一定比例与轻质营养土混合而成。根据《种植屋面工程技术规程》JGJ 155—2013，选择四种常见的体积配比基质：基质 1：田园土∶轻质营养土＝1∶0；基质 2：田园土∶轻质营养土＝1∶1；基质 3：田园土∶轻质营养土＝1∶2；基质 4：田园土∶轻质营养土＝0∶1。田园土是栽培过花木蔬菜的砂质壤土，轻质营养土由泥炭土、珍珠岩和有机肥组成（三种组分的混合比例约为 4∶1∶1）。四种基质样品如图 3-1 所示。

采用比重瓶法和环刀法测试上述四种基质样品的密度和干密度。比重瓶法是将已知质量的基质样本放入水中，排尽空气，测量被基质置换出的水体积，再用 105℃烘干。用烘干后的基质质量除以测出的基质体积，得到基质的密度。环刀法是用已知质量及容积的环刀（如图 3-2 所示，环刀为获取原状土样品的一种常用仪器），切取烘干后的基质样本，使基质样本的体积与环刀的容积一致，这样环刀的容积即为基质的体积。称量后，去除环刀的质量即等于基质的质量，然后计算得到基质的干密度。通过基质的密度和干密度即可计算得到基质的孔隙率，如式（3-1）所示。上述四种基质的测试结果如表 3-2 所示，可以看出，轻质营养土的孔隙率高于田园土，干密度和密度均小于田园土。

轻质营养土

田园土∶轻质营养土=1∶1

田园土∶轻质营养土=1∶2

田园土

图 3-1　四种立体绿化基质样品（作者拍摄）

图 3-2　环刀[12]

$$\chi = \frac{\omega - \rho}{\omega - \rho_a} \times 100\% \tag{3-1}$$

式中 $\chi$——基质孔隙率，%；

  $\omega$——基质密度，$g/cm^3$；

  $\rho$——基质干密度，$g/cm^3$；

  $\rho_a$——空气密度，$1.29 \times 10^{-3} g/cm^3$。

四种基质的物理性质             表 3-2

| 材料 | 干密度（$g/cm^3$） | 密度（$g/cm^3$） | 孔隙率 |
|---|---|---|---|
| 田园土：轻质营养土＝1：0 | 1.51 | 2.31 | 34.6% |
| 田园土：轻质营养土＝1：1 | 0.97 | 1.72 | 43.6% |
| 田园土：轻质营养土＝1：2 | 0.77 | 1.65 | 53.5% |
| 田园土：轻质营养土＝0：1 | 0.39 | 1.07 | 63.6% |

  立体绿化安装完成后，其基质层的含湿率以及压实度会随时间变化，因此需要测试基质在不同含湿率和干密度下的热湿物性。表 3-3 为所测基质的干密度和含湿率范围，涵盖了基质从松散到密实、从干燥到接近饱和的不同状态。制备基质样品时，首先将田园土和轻质营养土放入 105℃ 的烘箱内烘干至恒重（采用 105℃ 烘干，有利于基质水分的迅速蒸发，而且有机质不至于分解），然后根据不同测试工况所需要的基质比例混合，搅拌均匀并压至设定的密度。采用喷雾法配制不同的含湿率，并在室温下置于密封箱内静置一周，确保样本水分均匀。最后将样品转移至测试仪器内进行热湿物性参数的测定。

基质样品的干密度和体积含湿率范围          表 3-3

| 工况 | 干密度（$g/cm^3$） | 体积含湿率 |
|---|---|---|
| 田园土：轻质营养土＝1：0 | 1.51～1.7 | 0～25% |
| 田园土：轻质营养土＝1：1 | 0.97～1.16 | 0～30% |
| 田园土：轻质营养土＝1：2 | 0.77～0.97 | 0～40% |
| 田园土：轻质营养土＝0：1 | 0.39～0.52 | 0～50% |

## 3.1.2 导热系数测试方法

  导热系数是基质热湿传递过程中的重要参数，已有研究表明基质导热系数主要受到基质含湿率以及密度的影响。可以将其表达成如下的指数函数形式[13]：

$$\lambda = C_1 \rho^m \theta^n \tag{3-2}$$

式中 $\lambda$——基质导热系数，$W/(m \cdot K)$；

  $\rho$——基质干密度，$g/cm^3$；

  $\theta$——基质体积含湿率；

$C_1$、$m$ 和 $n$——均为回归系数。

  常见的基质导热系数测试方法主要有稳态平板法、非稳态探针法等[14]。稳态平板法基于一维稳态导热理论，测试通过基质样本的热流以及样本两侧的温差即可根据傅里叶定律计算得到基质的导热系数。而非稳态探针法则是基于线热源的瞬态传热理论。将线热源探针插入待测的均匀基质样本中并施加恒定功率进行加热，一段时间之后探针和周围基质材料的温度均会上升。探针温度上升的速率与周围材料的导热系数相关，通过测试探针的温升速率即可确定待测基质的导热系数，具体数学模型如下：

$$\frac{\partial^2 T}{\partial x^2} + \frac{1}{x}\frac{\partial T}{\partial x} = \frac{1}{\alpha}\frac{\partial T}{\partial t} \quad (x > r_0; t > 0) \tag{3-3}$$

$$t = 0, T = 0 \tag{3-4}$$

$$x \to \infty, T = 0 \tag{3-5}$$

$$x = r_0, -2\pi r_0 \lambda \frac{\partial T}{\partial x} + C_{p,pro}\frac{dT}{dt} = q_{pro} \tag{3-6}$$

式中　$T$——探针任意点的过余温度，K；

$\alpha$——探针的热扩散系数，$m^2/s$；

$r_0$——探针半径，m；

$\lambda$——基质导热系数，$W/(m \cdot K)$；

$C_{p,pro}$——探针单位长度热容，$J/(m \cdot K)$；

$q_{pro}$——探针单位时间内单位长度的发热量，W/m；

$x$——距离热线的径向距离，m；

$t$——时间，s。

经过拉氏变换，得到探针的过余温度 $\theta$ 如式（3-7）所示。

$$\theta(\tau) = \frac{q_{pro}}{4\pi\lambda}\ln\left\{\frac{4F_0}{c_2} + \frac{1}{2F_0}\left[1 + \left(1 - \frac{2}{\beta}\right)\ln Fo\right]\right\} + o\left[\left(\frac{1}{2F_0}\right)^2\right] \tag{3-7}$$

$$\beta = \frac{2\pi r_0 (\rho c)_m}{C_{p,pro}} \tag{3-8}$$

式中　$\ln c_2$——欧拉常数，$\ln c_2 = 0.5772$；

$Fo$——傅里叶数；

$(\rho c)_m$——基质体积热容，$J/(m^3 \cdot K)$。

由于探针足够细，在忽略其热容量的基础上，已知发热量 $q_{pro}$ 的条件下，测试其一段时间的温度变化，即可得到介质的导热系数 $\lambda$：

$$\lambda = \frac{q_{pro}}{4\pi}\left(\frac{dT}{d(\ln t)}\right)^{-1} \tag{3-9}$$

由于稳态平板法需要在恒定的温差下进行较长时间的测试，这对于含湿基质容易引起较大的湿分迁移从而造成误差。而非稳态探针法相对其他方法具有测试时间短、适合测定颗粒状含湿材料、不易破坏材料原有密度和孔隙度等优点，因此在土壤基质的热物性测试特别是现场测试中应用广泛。

基于上述原理，本研究采用 DECAGON KD2 型探针式热传导仪（图 3-3）测试样品的导热系数。该仪器由控制器和探针两部分构成。测试时将探针插入准备好的基质中，控制器平衡 30s，随后探针加热 30s 并冷却 30s，检测探针的冷却速度，利用上述原理求得试样的导热系数。仪器参数如表 3-4 所示。

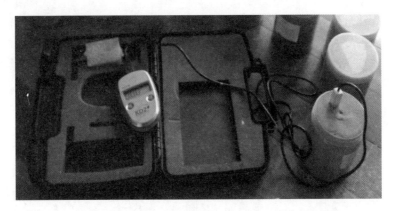

图 3-3　DECAGON KD2 型探针式热传导仪（作者拍摄）

**DECAGON KD2 型探针式热传导仪参数**　　　表 3-4

| 精度 | 操作环境 | 量程 | 测量时间 | 探针长和直径 |
|---|---|---|---|---|
| ±5% | −20～60℃ | 0.02～2W/(m·K) | 90s | 60mm×1.27mm |

图 3-4 为实验测得的四种基质在不同干密度以及含湿率条件下的导热系数。从图中可以看出，四种基质的导热系数均随干密度和体积含湿率的增大而增大。干密度相同时，四种基质的导热系数随体积含湿率的增长速率为先快后慢，接近饱和状态时，导热系数为干燥状态下导热系数的 2～3 倍；相同含湿率时，基质导热系数受干密度影响的变化幅度随着含湿率的提高有增大的趋势，接近饱和状态时的变化幅度为干燥状态的 1.5～3 倍。从图中还可以看出，在相同体积含湿率下，轻质营养土的平均导热系数小于田园土，而且轻质营养土体积比例越高基质的平均导热系数越低。轻质营养土主要由多孔材料构成，孔隙率高于田园土。由于空气的导热系数小于液态水和砂质田园土颗粒的导热系数，相同含湿率时轻质营养土的导热性较弱。随着含湿率增大，孔隙逐渐被液态水填充，样品的空气含量减少，导热系数增大。为了便于工程应用，本书将实验数据拟合，得到导热系数关于基质干密度和体积含湿率的实验关联式，如表 3-5 所示。

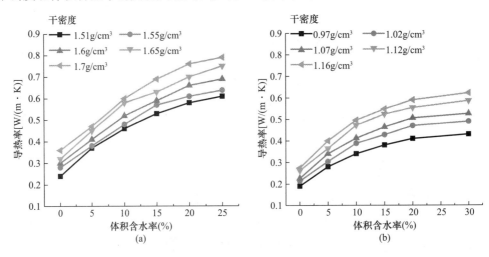

图 3-4　基质导热系数测试结果（一）

(a) 田园土；(b) 田园土：轻质营养土＝1：1

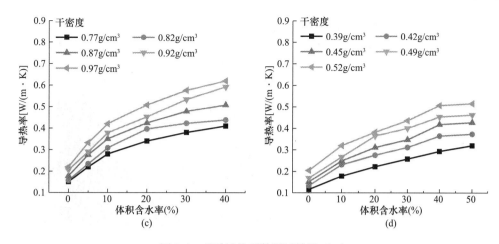

图 3-4　基质导热系数测试结果（二）

（c）田园土：轻质营养土＝1∶2；（d）轻质营养土

四种基质的导热系数实验关联式　　　　　　表 3-5

| 基质类型 | 拟合公式 | 参数范围 | | 评价指标❶ | |
|---|---|---|---|---|---|
| | | 干密度（g/cm³） | 含湿率（%） | $R^2$ | $RMSE$[W/(m·K)] |
| 田园土 | $\lambda = 0.378\theta^{0.319}\rho^{2.25}$ | 1.51～1.7 | 5～25 | 0.996 | $8.97 \times 10^{-5}$ |
| 田园土：轻质营养土＝1∶1 | $\lambda = 0.641\theta^{0.247}\rho^{2.02}$ | 0.97～1.16 | 5～30 | 0.987 | $1.87 \times 10^{-4}$ |
| 田园土：轻质营养土＝2∶1 | $\lambda = 0.877\theta^{0.302}\rho^{1.82}$ | 0.77～0.97 | 5～40 | 0.964 | $1.18 \times 10^{-4}$ |
| 轻质营养土 | $\lambda = 2.017\theta^{0.334}\rho^{1.69}$ | 0.39～0.52 | 10～50 | 0.976 | $1.95 \times 10^{-4}$ |

## 3.1.3　比热容测试方法

比热容的测试方法较多，常见的方法有绝热卡计下落法、铜卡计下落法、差示扫描量热法、比较量热法等[15]，本书介绍用磁力搅拌式水卡计测试基质比热容的方法。如图 3-5 所示，悬吊在试样筒内的试样在加热炉中加热到预定温度，然后下落到下方杜瓦瓶中的水里面；随后启动电机，磁性搅拌器带动杜瓦瓶内转子做充分的搅拌，使水温不断升高，直到两者达到热平衡，测出上述过程中的水温升。根据热量平衡并对测试过程中各项损失进行修正，即可计算得到试样的比热容。测试期间杜瓦瓶的循环水由恒温水箱提供，其温度比瓶内水温高 10℃。测试原理的数学描述如下所示：

$$C_{p,b}ma_c(T_g - T_e) + C_{p,g}ma_g(T_g - T_e) = C_{p,w}ma_w(T_e - T_i) \tag{3-10}$$

式中　$C_{p,b}$、$C_{p,g}$、$C_{p,w}$——分别为试样筒、试样和液体介质的比热，kJ/(kg·K)；

$ma_c$、$ma_g$、$ma_w$——分别为试样筒、试样和液体介质的质量，kg；

$T_e$、$T_i$ 和 $T_g$——分别为热平衡后的温度、液体介质初温和试样的初温，K。

由式（3-11）可以求得基质试样的比热：

$$C_{p,g} = \frac{C_{p,w}ma_w(T_e - T_i)}{ma_g(T_g - T_e)} - \frac{C_{p,b}ma_c}{ma_g} \tag{3-11}$$

---

❶ 实验关联式评价指标包括 $R^2$ 和 $RMSE$，$R^2$ 表示拟合公式的判定系数，$R^2$ 越靠近 1 表示关联式拟合效果越好。$RMSE$ 表示均方根误差，$RMSE$ 越小则关联式的预测误差越小。

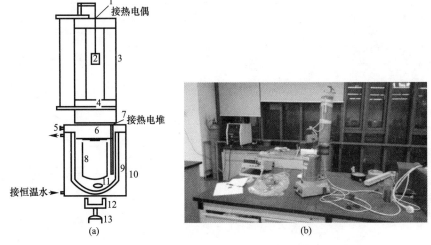

图 3-5  磁力搅拌式水卡计示意图及测试现场照片（作者拍摄）

（a）磁力搅拌式水卡计示意图；（b）测试现场照片

1—热电偶；2—试样筒；3—加热炉；4—活门；5—瓶盖按钮；6—瓶盖；7—热电堆；

8—承接网；9—杜瓦瓶；10—水夹套筒；11—搅拌转子；12—磁钢；13—电机

本书采用的磁力搅拌式水卡计参数如表 3-6 所示。

磁力搅拌式水卡计参数　　　　　　　　　　　　　表 3-6

| 比热测试精度 | 杜瓦瓶测温精度 | 试样测温范围 | 水温测试范围 | 重量 |
|---|---|---|---|---|
| ±1.5% | 0.1℃ | 20～150℃ | 5～40℃ | 10kg |

基质比热容的测试结果如表 3-7 所示。结果显示，不同基质的比热容相差较小，最大热容和最小热容之间的差值小于 10%，与 D. J. Sailor 等人的测试结果相近。

四种基质的比热容测试结果［单位：kJ/(kg·K)］　　　　表 3-7

| 基质类型 | 第一次 | 第二次 | 第三次 | 平均值 |
|---|---|---|---|---|
| 田园土 | 943.4 | 994.5 | 988.3 | 975.4 |
| 田园土：轻质营养土=1：1 | 1020.1 | 1029.8 | 1030.4 | 1026.8 |
| 田园土：轻质营养土=1：2 | 998.5 | 1010.4 | 1011.3 | 1006.7 |
| 轻质营养土 | 1085.6 | 1045.7 | 1084.2 | 1071.8 |

## 3.1.4  饱和渗透系数测试方法

饱和渗透系数（$K_s$）是表征基质透水性能的指标，是基质重要的物理性质之一，有定水头和降水头两种测试方法。两种测试方法均基于达西定律［式（3-12）］，即通过测试一段时间内通过基质的流量以及基质两侧的水头压差确定基质的饱和渗透系数。定水头法在测试期间维持基质测试段前后两侧的水头压差不变，而降水头法的基质测试段两侧的水头压差不断减小直至流量为 0。虽然定水头法比降水头法的测试时间长，但是计算结果更为准确可靠[16]，因此本节采用定水头法测试上述四种基质的饱和渗透系数。

$$K_s = \frac{QL}{A(\Delta h)}$$　　　　（3-12）

式中　$K_s$——基质饱和渗透系数，m/s；

　　　$Q$——渗流量，$m^3/s$；

　　　$L$——渗流长度，m；

　　　$A$——渗流截面积，$m^2$；

　　　$\Delta h$——渗流的水头差，m。

如图 3-6 所示，将干燥的基质分层装入桶内，用木槌轻轻击实到设定密度。试样安装好之后，将水缓缓由渗水筒向上渗入试样直至试样达到饱和。然后继续分层装入基质试样，直至测试样本高出上部测压孔 3～4cm 为止。在试样上方放置 1～2cm 厚的砾石层，并加水直至水面与溢水孔平齐。检查测压管的水位是否与之平齐，如果不平齐则表明仪器存在漏水或者集气现象，需要进行调整。然后降低出水管的管口至基质样本上方 1/3 的高度，使得仪器产生水位差，水即渗透基质样本并从出水管流出，此时需要维持渗透筒内的水面保持不变。待测压管水位稳定之后，测量测压管的水位并计算 3 个测压管之间的水位差。打开秒表，用量筒从出水管量取一段时间的渗透水量。将管口降低至试样中部以及下部 1/3 高度处，重复上述步骤三次求取平均值即为该基质的饱和渗透系数。测试采用TST-70 型常水头渗透仪，其结构参数如表 3-8 所示。采用上述方法得到的四种基质的饱和渗透系数如表 3-9 所示。

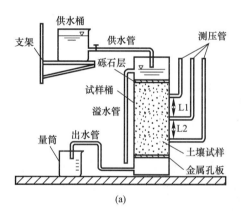

(a)　　　　　　　　　　　　　　　　　(b)

图 3-6　渗透仪示意图和测试现场照片（作者拍摄）

（a）渗透仪示意图；（b）测试现场照片

**TST-70 型常水头渗透仪结构参数**　表 3-8

| 筒身内径 | 渗水筒高度 | 测压管间距 |
| --- | --- | --- |
| 100mm | 400mm | 100mm |

**四种基质的饱和渗透系数**（单位：m/s）　表 3-9

| 基质类型 | 第一次 | 第二次 | 第三次 | 平均值 |
| --- | --- | --- | --- | --- |
| 田园土 | $4.4\times10^{-5}$ | $4.8\times10^{-5}$ | $4.9\times10^{-5}$ | $4.7\times10^{-5}$ |
| 田园土：轻质营养土＝1：1 | $8.4\times10^{-5}$ | $8.3\times10^{-5}$ | $8.8\times10^{-5}$ | $8.5\times10^{-5}$ |
| 田园土：轻质营养土＝1：2 | $2.9\times10^{-4}$ | $2.7\times10^{-4}$ | $3.1\times10^{-4}$ | $2.9\times10^{-4}$ |
| 轻质营养土 | $8.5\times10^{-4}$ | $8.2\times10^{-4}$ | $8.2\times10^{-4}$ | $8.3\times10^{-4}$ |

由表 3-9 可知，田园土的饱和渗透系数最小，而轻质营养土的饱和渗透系数比前者的饱和渗透系数高一个数量级，其他两种基质的饱和渗透系数介于上述两者之间。轻质营养土的比例越高，饱和渗透系数越大。分析田园土和轻质营养土的组成可知，轻质营养土中含有颗粒较大的珍珠岩，孔隙率更高，饱和状态时水分通过的阻力要小于田园土，因此其饱和渗透系数显著高于田园土的饱和渗透系数。不同密度下四种基质的饱和渗透系数如图3-7 所示。由图可知，随着干密度的提高，基质的饱和渗透系数呈指数式下降，其原因在于干密度的增大使得基质内部水分流通通道的截面积变小以及水分流通的阻力变大。由此可以预测建筑立体绿化基质层铺设一段时间之后，由于雨水的冲刷以及重力引起的自然沉降等因素导致基质孔隙变小，干密度变大，因而导致透水性能下降。根据上述结果，可以拟合得到四种基质的饱和渗透系数关于干密度的经验关系式，如表 3-10 所示。

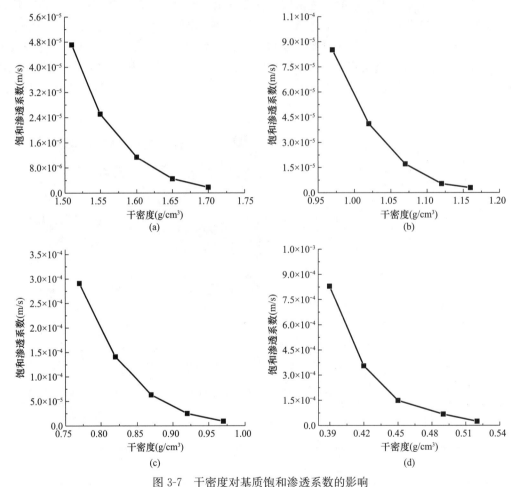

图 3-7　干密度对基质饱和渗透系数的影响

（a）田园土；（b）田园土：轻质营养土＝1∶1；（c）田园土：轻质营养土＝1∶2；（d）轻质营养土

四种基质饱和渗透系数关于干密度的实验关联式　　　　　　　　　　　表 3-10

| 基质类型 | 拟合公式 | 参数范围 | | 评价指标 | |
| --- | --- | --- | --- | --- | --- |
| | | 干密度（g/cm³） | $R^2$ | $RMSE$［W/(m·K)］ | |
| 田园土 | $K_s = 1.60 \times 10^6 \times e^{-16.06\rho}$ | 1.51～1.7 | 0.994 | $8.97 \times 10^{-5}$ | |

| 基质类型 | 拟合公式 | 参数范围 | 评价指标 | |
| --- | --- | --- | --- | --- |
| | | 干密度（g/cm³） | $R^2$ | $RMSE$ [W/(m·K)] |
| 田园土：轻质营养土=1：1 | $K_s=433.98\times e^{-15.90\rho}$ | 0.97～1.16 | 0.996 | $1.87\times10^{-4}$ |
| 田园土：轻质营养土=2：1 | $K_s=36.80\times e^{-15.25\rho}$ | 0.77～0.97 | 0.997 | $1.18\times10^{-4}$ |
| 轻质营养土 | $K_s=12.62\times e^{-24.68\rho}$ | 0.39～0.52 | 0.985 | $2.47\times10^{-4}$ |

## 3.1.5　水分特征曲线测试方法

水分特征曲线是基质中水势（或称基质吸力）与基质体积含湿率之间的关系曲线，如式（3-13）所示，该曲线描述的水分特征对基质内部的水分运移和滞留具有重要作用。

$$\theta_w = f(\psi) \tag{3-13}$$

式中　$\theta_w$——基质体积含湿率；

　　　$\psi$——基质水势。

水分特征曲线主要受到基质质地、结构以及干密度的影响。目前获取基质水分特征曲线的方法主要有两大类：第一类是直接测定法，如高速离心机、压力板法、滤纸法、汽相法、渗析法等。直接测试法准确但是测试周期长、成本也较高。第二类是间接推求法，主要是利用基质的物理特性（如颗粒构成、孔隙分布等）计算得到[17]。

如图 3-8 所示，本节将采用渗析法结合汽相法测定基质从 $5\times10^{-3}$MPa 到 193.85MPa 之间的水分特征曲线。

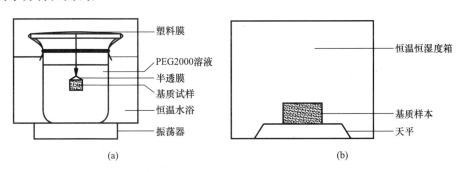

图 3-8　渗析法和汽相法示意图（作者自绘）

（a）渗析法；（b）汽相法

1. 渗析法

渗析法是将被半透膜包好的基质样本放置于聚乙二醇（PEG）溶液中，半透膜只允许离子和小于半透膜孔隙的小分子透过。由于膜两边的浓度差产生的扩散压使得 PEG 溶液与基质样本中的水分和离子进行交换，当 PEG 溶液吸力与基质样本吸力一致时达到平衡。此时通过测量基质样本的含湿率和 PEG 溶液浓度（换算为基质吸力），就可以得到基质样本的水分特征曲线。渗析法测定的基质吸力范围取决于 PEG 溶液的饱和浓度。本实验采取 PEG2000 溶液，最大吸力可以达到 6.3MPa，对应的半透膜截留分子量为 14000。PEG 溶液的吸力测试是通过折光仪测量溶液的 Brix 指数间接实现。Brix 指数是指样品中可溶性固形物的含量，溶液浓度越高则其 Brix 指数值就越大。PEG2000 溶液的 Brix 指数（$B_r$）与基质吸力 $\psi$（MPa）之间的函数关系如式（3-14）所示[18]。

$$B_r = \frac{90}{\sqrt{\frac{11}{\psi}+1}}$$ (3-14)

图 3-9　水浴恒温振荡器（作者拍摄）

测试时，首先将半透膜放入蒸馏水中浸泡 30min 以上，以消除半透膜的保护层对实验的影响；称取 PEG2000 固体的质量，配置相应浓度的 PEG 溶液；将切成重量约 10g 的基质样本放入半透膜并封装好，悬挂在盛有 PEG 溶液的容器内，水温设定在 30℃，调节振荡器频率加速渗析，如图 3-9 所示；渗析若干天后，测量 Brix 含量，当 Brix 含量基本恒定时即可认定基质样本与 PEG 溶液达到湿平衡，最后取出基质样本用烘干法测定基质样本的平衡含湿率。

折光仪和水浴恒温振荡器的具体参数如表 3-11 和表 3-12 所示。

| 折光仪参数 | | | | 表 3-11 |
| --- | --- | --- | --- | --- |
| 折光仪型号 | Brix 测量范围 | 最小标度 | 尺寸 | 质量 |
| WAY-32 | 0～32% | 0.2% | 4cm×4cm×17.3cm | 160g |

| 水浴恒温振荡器参数 | | | | 表 3-12 |
| --- | --- | --- | --- | --- |
| 振荡器型号 | 控温范围 | 加热功率 | 振荡幅度 | 尺寸 |
| SHA-C | 室温～99.9℃ | 2kW | 300mm | 700mm×550mm×490mm |

2. 汽相法

汽相法的原理是基于 Kelvin 定律，如式（3-15）所示。恒定温度下相对湿度越小，空气总吸力越大。在恒温恒湿条件下，经过一定时间的吸附和脱附，基质样本与恒温恒湿箱内环境达到热湿平衡，此时通过称量样本重量就可以获得相应控制吸力下的样本含湿率。在恒温恒湿箱的控制精度范围内，汽相法的吸力可以达到 10MPa 以上。测试时将基质样本放入恒温恒湿箱内，定期称量样本的质量，直到达到平衡（间隔至少 24h，连续三次称量样品质量的变化率小于总质量的 0.1%）。逐渐调节恒温恒湿箱内的相对湿度，重复上述操作。

$$\psi = -RT\ln(RH)$$ (3-15)

式中　$\psi$——空气吸力的负数，MPa；

　　　$R$——水分子的理想气体常数，J/(g·K)；

　　　$T$——环境温度，K；

　　　$RH$——环境的相对湿度。

根据渗析法和汽相法的吸力控制方法，选择如表 3-13 所示浓度的聚乙二醇溶液和环境温湿度得到相应的吸力。

结合渗析法和汽相法得到四种基质的水分特征曲线如图 3-10 所示。由图可知，在基质水势较低时，轻质营养土能够比田园土储存更多的水分；而在高水势段，轻质营养土储存的水分略少于田园土。

渗析法和汽相法对应的 Brix 值和相对湿度值　　　　　表 3-13

| 渗析法 | | 汽相法（恒温箱温度：303K） | |
| --- | --- | --- | --- |
| Brix 值（%） | 吸力（MPa） | 相对湿度（%） | 吸力（MPa） |
| 1.88 | $5 \times 10^{-3}$ | 25 | 193.85 |
| 4.10 | $2.5 \times 10^{-2}$ | 35 | 146.80 |
| 7.07 | $8 \times 10^{-2}$ | 45 | 111.66 |
| 10.69 | 0.2 | 55 | 83.60 |
| 15.82 | 0.5 | 65 | 60.24 |
| 20.85 | 1 | 75 | 40.23 |
| 24.27 | 1.5 | 85 | 22.73 |
| 30.87 | 3 | 95 | 7.172 |

在低水势段，基质储存水分主要是受到基质孔隙率的影响，轻质营养土具有更大的孔隙率使得其能够储存更多水分。随着基质水势的提高，两者含湿率的差距逐渐减少；在高水势段，水分的储存越来越受到表面吸附力的影响。田园土由于含有较多的颗粒，能够比轻质营养土吸附更多的水分，但两者的差别非常小。相同水势下，其他两类基质的体积含湿率介于上述两种基质之间。不同干密度下基质的水分特征曲线如图 3-11 所示。随着干密度的上升，在低水势段基质的

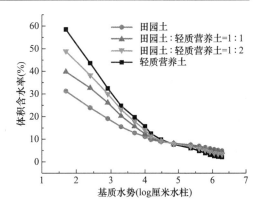

图 3-10　四种基质的水分特征曲线

体积含湿率呈现明显的下降趋势。随着水势上升，干密度对体积含湿率的影响减弱。当基质水势的横坐标（厘米水柱的对数值）大于 6 时，不同干密度基质的体积含湿率差异变得不明显。

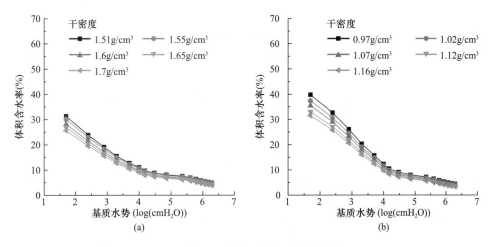

图 3-11　干密度对基质水分特征曲线的影响（一）

（a）田园土；（b）田园土：轻质田园土＝1∶1

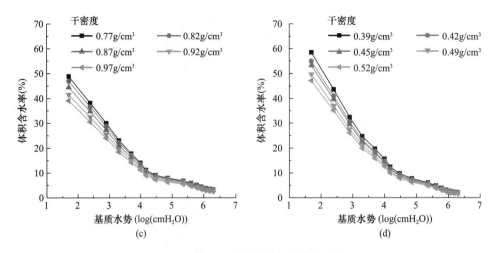

图 3-11　干密度对基质水分特征曲线的影响（二）

（c）田园土：轻质田园土＝1：2；（d）轻质田园土

　　为了描述基质的水分特征曲线，目前国内外学者提出了很多经验公式。其中比较常用的有 Van Genuchten 模型、Fredlund&Xing 模型、Mckee&Bumb 模型和 Gardner 模型等[19]。本书采用 Fredlund&Xing 模型[20]对上述水分特征曲线进行拟合，该模型具体构造如下：

$$\theta_{\mathrm{w}} = \frac{\theta_{\mathrm{w,s}}}{\left\{\ln\left[\mathrm{e}+\left(\dfrac{\psi}{a}\right)^{b}\right]\right\}^{c}} \tag{3-16}$$

式中　$\theta_{\mathrm{w}}$——体积含湿率；

　　　$\theta_{\mathrm{w,s}}$——饱和体积含湿率；

　　　$\psi$——基质吸力，kPa；

$a$，$b$，$c$——分别为与基质进气值、脱水速率以及残余含湿率有关的参数；

　　　e——自然常数，e＝2.71828。

　　对实验数据进行拟合，可以得到上述经验公式中的参数如表 3-14 所示。

四种基质的水分特征曲线实验关联式　　　　　　　　　　　　　　表 3-14

| 基质类型 | 干密度（g/cm³） | 拟合参数 | | | 评价指标 | |
|---|---|---|---|---|---|---|
| | | $a$ | $b$ | $c$ | $R^2$ | RMSE（%） |
| 田园土 | 1.51 | 13.64 | 0.8497 | 0.8794 | 0.997 | 0.194 |
| | 1.55 | 14.27 | 0.867 | 0.868 | 0.996 | 0.190 |
| | 1.60 | 14.50 | 0.8739 | 0.8629 | 0.996 | 0.171 |
| | 1.65 | 16.52 | 0.9296 | 0.8279 | 0.995 | 0.192 |
| | 1.70 | 19.09 | 0.9968 | 0.7903 | 0.994 | 0.230 |
| 田园土：轻质营养土＝1：1 | 0.97 | 30.8 | 0.794 | 1.154 | 0.998 | 0.220 |
| | 1.02 | 31.6 | 0.808 | 1.14 | 0.998 | 0.192 |
| | 1.07 | 33.9 | 0.850 | 1.10 | 0.997 | 0.176 |
| | 1.12 | 35.1 | 0.873 | 1.08 | 0.998 | 0.160 |
| | 1.16 | 37.7 | 0.918 | 1.05 | 0.997 | 0.167 |

| 基质类型 | 干密度<br>（g/cm³） | 拟合参数 | | | 评价指标 | |
|---|---|---|---|---|---|---|
| | | $a$ | $b$ | $c$ | $R^2$ | $RMSE$（%） |
| 田园土：轻质营养土＝1：2 | 0.77 | 37.9 | 0.726 | 1.429 | 0.997 | 0.520 |
| | 0.82 | 39.3 | 0.749 | 1.398 | 0.996 | 0.531 |
| | 0.87 | 40.62 | 0.769 | 1.37 | 0.997 | 0.530 |
| | 0.92 | 41.0 | 0.776 | 1.36 | 0.996 | 0.478 |
| | 0.97 | 41.6 | 0.784 | 1.35 | 0.996 | 0.443 |
| 轻质营养土 | 0.39 | 41.96 | 0.673 | 1.717 | 0.995 | 1.634 |
| | 0.42 | 42.28 | 0.678 | 1.706 | 0.994 | 1.487 |
| | 0.45 | 42.39 | 0.68 | 1.701 | 0.994 | 1.408 |
| | 0.49 | 42.49 | 0.682 | 1.698 | 0.993 | 1.240 |
| | 0.52 | 42.70 | 0.685 | 1.691 | 0.993 | 1.132 |

## 3.1.6　非饱和渗透系数预测

由于基质表面的蒸发和植被冠层的蒸腾作用，基质大部分时间处于非饱和状态，因此基质在非饱和状态下的渗透系数尤为重要[5]。与水分特征曲线类似，非饱和渗透系数主要有直接测试方法和间接测试方法[21]。直接测试方法有稳态法、瞬时截面法、空气过压法等，不仅对实验仪器的精度要求非常高，而且需要耗费大量的人力和时间成本，因此很多学者采用间接推导的方法。Childs 和 Collis-George[22]基于充水孔隙的形状提出了预测渗透系数的经验模型，Marshall[23]和 Kunze[24]等人对该模型进行了进一步的改进。1981 年，Fredlund[25]采用 Childs & Collis-Geroge 模型成功预测了细砂的非饱和渗透系数，验证了该模型的准确性。叶为民、张锐等人[26]也利用上述模型成功预测了上海地区非饱和软土和高速公路弱膨胀土的相对渗透系数。本书基于上述模型推导上海地区建筑立体绿化基质的非饱和渗透系数。将上一节实验获得的水分特征曲线沿体积含湿率分为 $m$ 个等分，用每个等分中点的基质吸力，依据式（3-17）～式（3-20）计算不同体积含湿率下的非饱和渗透系数 $k(\theta_i)$：

$$k(\theta_i) = \frac{k_s}{k_{sc}} A_d \sum_{j=i}^{m} \left[ (2j+1-2i)\psi_j^{-2} \right] \quad i = 1,2,3\cdots m \tag{3-17}$$

$$A_d = \frac{T_s^2 \rho_w g \theta_s^p}{2\mu_w N^2} \tag{3-18}$$

$$N = m \frac{\theta_s}{\theta_s - \theta_L} \tag{3-19}$$

$$k_{sc} = A_d \sum_{i=1}^{m} \left[ \sum_{j=i}^{m} (2j+1-2i)\psi_j^{-2} \right] \quad i = 1,2,3\cdots m \tag{3-20}$$

式中　$i$——间隔编号；

　$k(\theta_i)$——对应第 $i$ 个等分中点的体积含湿率 $\theta_i$ 的渗透系数，m/s；

　$k_s$——实测饱和渗透系数，m/s；

　$k_{sc}$——计算的饱和渗透系数，m/s；

　$A_d$——调整常数，m・kPa²/s；

　$T_s$——水的表面张力，kN/m；

　$\rho_w$——水的密度，kg/m³；

$g$——重力加速度，$m/s^2$；

$\mu_w$——水的绝对黏度，$N \cdot S/m^2$；

$\theta_s$——饱和体积含湿率；

$\theta_L$——水分特征曲线上对应的最小体积含湿率；

$m$——基质水分特征曲线上饱和体积含湿率与最小体积含湿率之间的间隔总数；

$j$——从 $i$ 到 $m$ 的计数；

$\psi_j$——相应于第 $j$ 个间隔中点的基质吸力值，kPa。

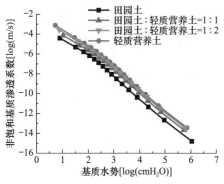

图 3-12　四种基质的非饱和渗透系数

根据试验得到的水分特征曲线，令 $m=16$，试验温度为 30℃时，水的表面张力为 $7.12 \times 10^{-5}$ kN/m，绝对黏度为 $100.5 \times 10^{-5}$ N·S/$m^2$。将上述参数代入 Childs & Collis-George 模型，计算得到四种基质不同吸力下的非饱和渗透系数。由于吸力和非饱和渗透系数跨度范围较大，对两者取对数后绘制如图 3-12 所示的关系曲线。由图可知，在相同水势下轻质营养土的非饱和渗透系数高于田园土，而且轻质营养土含量越高的基质非饱和渗透系数越大。随着水势的升高（或者基质含湿率的降低），四种基质的非饱和渗透系数均呈现显著下降的趋势，而且产生了几个数量级的变化。从图 3-12 中还可以看出，随着基质水势的提高，不同基质之间的非饱和渗透系数的差别越来越小。

干密度对基质非饱和渗透系数的影响如图 3-13 所示。随着干密度的增大，同一水势下四种基质的非饱和渗透系数均呈现下降趋势，而且非饱和渗透系数随水势增大而下降的速率也逐渐降低。为了描述上述非饱和渗透系数与基质水势或者体积含湿率的关系，不同学者提出了很多经验公式，比较常用的有 Campbell、Davidson 和 Averjanov 等人提出的经验公式[27]。下文采用 Campbell 提出的关系式 [式（3-21）] 对基质非饱和渗透系数（$k$）与基质饱和度 $\dfrac{\theta_w}{\theta_{w,s}}$ 进行拟合，式中 $K_s$ 为饱和渗透系数，$b$ 为待定的经验系数。根据非饱和渗透系数测试值拟合得到上述经验关系式的参数如表 3-15 所示。

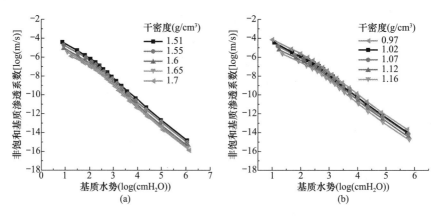

图 3-13　干密度对非饱和渗透系数的影响（一）

（a）田园土；（b）田园土：轻质营养土＝1：1

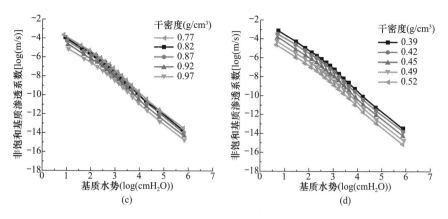

图 3-13　干密度对非饱和渗透系数的影响（二）

（c）田园土：轻质营养土＝1：2；（d）轻质营养土

$$k = K_{s}\left(\frac{\theta_{w}}{\theta_{w,s}}\right)^{b} \tag{3-21}$$

四种基质的非饱和渗透系数实验关联式　　　　　表 3-15

| 基质类型 | 干密度 (g/cm³) | 拟合参数 | 拟合效果 | |
|---|---|---|---|---|
| | | $b$ | $R^2$ | $RMSE$(m/s) |
| 田园土 | 1.51 | 16.94 | 0.902 | $9.348\times10^{-12}$ |
| | 1.55 | 16.99 | 0.904 | $2.549\times10^{-12}$ |
| | 1.6 | 18.41 | 0.930 | $3.165\times10^{-13}$ |
| | 1.65 | 16.41 | 0.918 | $6.414\times10^{-14}$ |
| | 1.7 | 17.46 | 0.95 | $5.334\times10^{-15}$ |
| 田园土：轻质营养土＝1：1 | 0.97 | 16.01 | 0.881 | $3.996\times10^{-11}$ |
| | 1.02 | 16.06 | 0.887 | $8.549\times10^{-12}$ |
| | 1.07 | 16.16 | 0.904 | $1.186\times10^{-12}$ |
| | 1.12 | 11.45 | 0.776 | $5.821\times10^{-13}$ |
| | 1.16 | 16.08 | 0.929 | $2.288\times10^{-14}$ |
| 田园土：轻质营养土＝1：2 | 0.77 | 15.37 | 0.857 | $6.015\times10^{-10}$ |
| | 0.82 | 15.41 | 0.869 | $1.263\times10^{-10}$ |
| | 0.87 | 15.61 | 0.877 | $2.321\times10^{-11}$ |
| | 0.92 | 15.44 | 0.877 | $3.625\times10^{-12}$ |
| | 0.97 | 15.46 | 0.881 | $4.787\times10^{-13}$ |
| 轻质营养土 | 0.39 | 15.28 | 0.850 | $5.449\times10^{-9}$ |
| | 0.42 | 12.05 | 0.743 | $2.292\times10^{-9}$ |
| | 0.45 | 14.87 | 0.841 | $1.864\times10^{-10}$ |
| | 0.49 | 14.85 | 0.838 | $3.915\times10^{-11}$ |
| | 0.52 | 14.86 | 0.837 | $5.079\times10^{-12}$ |

## 3.2　植物的物性参数测试方法

植被叶面积指数、叶片反射率以及气孔阻力是影响植被遮阳和蒸腾作用的主要参数，下文介绍常见的测试方法。植被叶面积指数（Leaf Area Index，简称 $LAI$）的定义为单位土壤面积上方所有叶片的单面面积之和[28]。根据此定义可知叶面积指数是一个用于描述植被叶片密度的无量纲指标。目前测量植被 $LAI$ 的方法主要有两种：直接法和间接法[29]。直接法通过直接测量植被的叶面积得到 $LAI$，其结果最为准确，常作为其他方法的校准值。直接法有收割法、异速生长测定法和落叶收集法。收割法适用于一些小型植被，如草坪和一些农作物；异速生长测定法和落叶收集法则适用于大面积的林场或者森林。间接法是基于辐射传输理论，通过测试植被冠层内太阳辐射分布，利用统计和概率方法推导植被叶面积指数的分布。此方法对植被没有破坏性，测试方法也比较简单。但是大多数研究表明，由于叶片在植被冠层内存在一定的聚集，该方法估计的叶面积指数比实际值低$25\%\sim50\%$[29]。建筑立体绿化一般以草本植物和小型灌木居多，常用收割法测量。如图 3-14 所示，收割法的步骤如下：选择区域内的植物样本，将其叶片摘下，然后利用扫描仪拍摄成图片，使用图片处理软件（例如 Adobe Photoshop）计算叶片面积，最后将所有叶片面积求和之后除以所选植被的占地面积即可得到叶面积指数。在不同气候条件下，植被会受到季节、植被种类、生长状况等因素的影响而呈现出不同的叶面积指数[11]。Milad Mahmoodzadeh 等人[30]的研究指出粗放式种植屋面的叶面积指数在 $0\sim5$ 之间。叶片反射率常采用分光光度计（图 3-15）进行测试，测得叶片光谱反射率，再通过积分得到全波长范围内的平均反射率。冯驰等人通过上述方法测得佛甲草的太阳辐射平均反射率约等于$0.32$[31]。叶片的气孔阻力是指叶片细胞内的二氧化碳或者水汽在通过叶片气孔向外部空间传递时所遇到的阻力。影响植物气孔阻力变化的因素非常多，比如太阳辐射、大气温湿度、风速等[32]。不同植物气孔对外界环境的响应也是不同的，关于植物气孔阻力变化的生物机制目前仍未完全研究清楚。大多数研究是在实验观察的基础上，建立一系列的经验性或者半经验性的气孔阻力模型。实际应用中被学者广泛采用的气孔阻力模型主要是以Jarvis[33]为代表的非线性多因子阶乘模型，如下式所示：

$$r_{st} = \frac{r_{s,min}}{LAI} f_1(RD_{SR}) f_2(T_f) f_3(\theta) f_4(e_f - e_r) \tag{3-22}$$

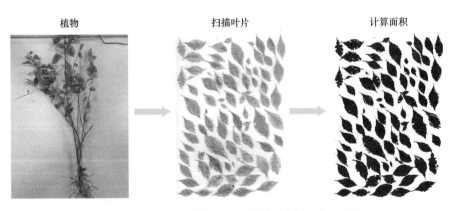

图 3-14　收割法测试植被叶面积指数示意图（作者自绘）

式中　$r_{s,min}$——叶片最小气孔阻力；

　　　$f_1 \sim f_4$——分别表示太阳辐射、叶片温度、基质含湿率以及室外水蒸气压力对叶片气孔阻力的影响。

准确的 $r_{s,min}$ 值是预测叶片气孔阻力的基础。叶片气孔阻力的测试主要使用气孔计，如图 3-16 所示。在晴朗的天气条件下，对灌溉良好的植被叶片气孔阻力进行连续的逐时测试，取其最小值即为叶片最小气孔阻力。D. J. Sailor 等人[34]的研究表明，植被 $r_{s,min}$ 的取值范围一般为 50～300s/m。Alexandri 和 Jones[35]测试得到某种植屋面的草坪午间的气孔阻力范围在 250～600s/m。

图 3-15　分光光度计　　　　　　　　图 3-16　叶片气孔计
（Shimadzu Corp. UV-3150，作者拍摄）　（Decagon Devices SC-1，作者拍摄）

## 3.3　本章小结

本章主要介绍了建筑立体绿化基质的热湿物性测试方法，并以上海地区四种常用基质为例对其测试结果进行了分析。同时介绍了植被热性能相关参数的测试方法，为建筑立体绿化热性能的预测和评价提供了基础。

**本章参考文献**

［1］　李谦盛. 屋顶绿化栽培基质的选择［J］. 安徽农业科学，2005，33（1）：84-85.

［2］　He Y，Yu H，Ozaki A，et al. Influence of plant and soil layer on energy balance and thermal performance of green roof system［J］. Energy，2017，141：1285-1299.

［3］　Sailor D J，Hagos M. An updated and expanded set of thermal property data for green roof growing media［J］. Energy and buildings，2011，43（9）：2298-2303.

［4］　Ouldboukhitine S E，Belarbi R，Djedjig R. Characterization of green roof components：Measurements of thermal and hydrological properties［J］. Building and Environment，2012，56：78-85.

［5］　Perelli G A. Characterization of the green roof growth media［D］. POLITECNICO DI MILANO，2014.

［6］　Zhao M，Tabares-Velasco P C，Srebric J，et al. Effects of plant and substrate selection on thermal performance of green roofs during the summer［J］. Building and Environment，2014，78：199-211.

［7］　吕华芳，唐莉华，孙挺，等. 绿化屋顶轻量基质持水特性研究［J］. 水土保持研究，2011，18（4）：223-225.

［8］　梅胜，龙华，杨晚生. 轻型种植土等效导热系数及热扩散率的实验测试［J］. 新型建筑材料，2013（2）：77-79.

［9］　龙华. 轻型种植土等效导热系数的实验测试研究［D］. 广州：广东工业大学，2013.

［10］　He Y，Yu H，Ozaki A，et al. Long-term thermal performance evaluation of green roof system based on two new indexes：A case study in Shanghai area［J］. Building and Environment，2017，120：13-28.

[11] Zhou L W, Wang Q, Li Y, et al. Green roof simulation with a seasonally variable leaf area index [J]. Energy and Buildings, 2018, 174: 156-167.

[12] Hossain M F, Chen W, Zhang Y. Bulk density of mineral and organic soils in the Canada's arctic and sub-arctic [J]. Information processing in agriculture, 2015, 2 (3-4): 183-190.

[13] 张旭, 高晓兵, 秦慧敏, 等. 土壤及其与黄沙混合物导热系数的实验研究 [C]//全国暖通空调制冷 2000 年学术年会论文集, 2000.

[14] 段占立, 马连湘. 稳态法导热系数测量仪的设计改进 [J]. 青岛科技大学学报: 自然科学版, 2009, 30 (4): 353-356.

[15] 王灿, 李佳, 王海峰, 等. 比热容测量技术的研究进展 [J]. 计量技术, 2016 (6): 7-11.

[16] 霍丽娟, 李一菲, 钱天伟. 定水头法和降水头法测定黄土的饱和导水率 [J]. 太原科技大学学报, 2010, 31 (3): 256-259.

[17] 李金鸥. 土壤水分特征曲线的测定及经验模型对比 [J]. 中国科技纵横, 2016 (1): 206-207.

[18] 叶为民, 白云, 金麒, 等. 上海软土土水特征的室内试验研究 [J]. 岩土工程学报, 2006, 28 (2): 260-263.

[19] 江耀. 非饱和黄土特征曲线的研究 [D]. 兰州: 兰州大学, 2012.

[20] Fredlund D G, Xing A. Equations for the soil-water characteristic curve [J]. Canadian geotechnical journal, 1994, 31 (4): 521-532.

[21] 王成华, 李广信, 王真. 确定非饱和土渗透系数的间接方法简评 [C]//中国土木工程学会第九届土力学及岩土工程学术会议论文集 (上册). 2003.

[22] Childs E C, Collis-George N. The Permeability of Porous Materials [J]. Proceedings of the Royal Society of London Series A, 1950, 201 (1066): 392-405.

[23] Marshall T J. A relation between permeability and size distribution of pores [J]. Journal of soil science, 1958, 9 (1): 1-8.

[24] Kunze R J, Uehara G, Graham K. Factors important in the calculation of hydraulic conductivity [J]. Soil Science Society of America Journal, 1968, 32 (6): 760-765.

[25] 陈仲颐. 土力学 [M]. 北京: 清华大学出版社, 1994.

[26] 叶为民, 张亚为, 周秀汉, 等. 某公路弱膨胀土土水特征与非饱和渗透特性 [J]. 地下空间与工程学报, 2009, 5 (A02): 1585-1589.

[27] 牛文杰, 叶为民, 陈宝, 等. 考虑微观结构的非饱和渗透系数计算公式 [J]. 探矿工程: 岩土钻掘工程, 2009, 36 (6): 34-39.

[28] Jonckheere I, Fleck S, Nackaerts K, et al. Review of methods for in situ leaf area index determination: Part I. Theories, sensors and hemispherical photography [J]. Agricultural and forest meteorology, 2004, 121 (1-2): 19-35.

[29] Bréda N J J. Ground-based measurements of leaf area index: a review of methods, instruments and current controversies [J]. Journal of experimental botany, 2003, 54 (392): 2403-2417.

[30] Mahmoodzadeh M, Mukhopadhyaya P, Valeo C. Effects of extensive green roofs on energy performance of school buildings in four North American climates [J]. Water, 2019, 12 (1): 6.

[31] 冯驰. 佛甲草植被屋顶能量平衡研究 [D]. 广州: 华南理工大学, 2011.

[32] Tabares-Velasco P C. Predictive heat and mass transfer model of plant-based roofing materials for assessment of energy savings [D]. The Pennsylvania State University, 2009.

[33] Jarvis P G. The Interpretation of the Variations in Leaf Water Potential and Stomatal Conductance Found in Canopies in the Field [J]. Philosophical Transactions of the Royal Society of London Series B, 1976, 273 (927): 593-610.

[34]　Sailor D J. A green roof model for building energy simulation programs [J]. Energy and buildings, 2008, 40 (8): 1466-1478.

[35]　Alexandri E, Jones P. Developing a one-dimensional heat and mass transfer algorithm for describing the effect of green roofs on the built environment: Comparison with experimental results [J]. Building and Environment, 2007, 42 (8): 2835-2849.

# 第4章 建筑立体绿化的热湿传递模型

如前所述，建筑立体绿化的热湿传递过程是一个涉及多种物理现象的复杂过程，比如太阳辐射和天空长波辐射在植被冠层内的传输、植被冠层的蒸腾作用、基质表面的蒸发以及基质层和结构层的导热，等等。上述不同物理过程之间相互耦合，而且受到建筑朝向、气象条件以及植被层和基质层的热湿物性等诸多因素的影响。对于种植屋面，早期学者将其等效为一保温层并使用稳态热阻法模拟其整体热性能[1~3]，随后又有学者考虑了植被层的遮阳作用[4,5]，但是上述模型均忽略了植被的蒸腾作用以及植被层与基质层之间的辐射换热。有学者采用恒定的蒸腾率模拟植被层的潜热散热[6,7]，但是忽略了基质含湿量的变化以及导热系数随含湿量变化的影响。为了克服上述模型的缺陷，一些学者基于能量平衡建立了种植屋面的热湿传递模型[8-10]，用准稳态法求解。然而其蒸腾量的计算采用对流质传递系数或者 Bowen 率求解，没有考虑植被气孔阻力以及基质含湿量的变化对蒸腾率的影响。加之对模型进行了简化，计算结果与实际过程差距较大。近期学者多采用耦合模型，能够较好地将热传递过程和湿传递过程联系起来。Del Barrio[11]考虑了植被层和基质层的能量平衡，并基于气孔阻力和植被冠层与外界大气之间的蒸汽压差计算了蒸腾潜热。D. J. Sailor[12]基于美国陆军工程兵团的 FASST 模型开发了种植屋面模型 ECO-ROOF，并将其嵌入到了建筑能耗模拟软件 EnergyPlus 中。该模型考虑了基质含湿量的变化对植被蒸腾率的影响，以及降雨量对种植屋面水分平衡的影响。Salah-Eddine 等人[13]在 Sailor 模型的基础上，利用 Penman-Monteith 公式考虑了水分传递对基质热物性参数的影响，并将上述模型嵌入到软件 TRNSYS 中模拟种植屋面对室内热环境的影响。Alexandri 等人[14]进一步考虑了种植屋面附近空气的热传递与湿传递的相互作用，并引入基质热湿耦合传递过程模型。Tabares-Velasco 等人[15]在实尺寸环境舱中测试了种植屋面的热性能，并进行了详细的能量平衡分析。实验结果验证了其开发的准稳态热湿传递过程模型，可用于模拟有植被覆盖和没有植被覆盖两种情况下种植屋面的热性能。

迄今，种植墙体的热湿传递模型还较少，并且大多采用种植屋面的热湿传递模式。Nyuk Hien Wong 等人[16]采用模拟软件 TAS 分析了种植墙体的热性能。该模型仅考虑了植被层对墙体结构层的遮阳作用，没有考虑蒸腾作用以及植被冠层与基质层之间的辐射换热。Carlos 等人[17]在 EnergyPlus 能耗模拟软件中将 Sailor 开发的 ECO-ROOF 模型拓展到墙体，用于模拟种植墙体的热性能。Alexandri[18]和 Djedjig 等人[19]也将各自开发的种植屋面模型拓展到种植墙体的热湿传递过程上，并模拟了种植墙体对室外热环境的影响。Scarpa 等人[20]利用有限容积法对意大利两种种植墙体进行了模拟，分别考虑了封闭式和开放式空气夹层的情况。Malys 等人[21]开发的模型采用集总参数法将藤蔓式种植墙体简化为三个节点：第一个节点表示植被层，第二个节点表示植被冠层空间，第三个节点表示墙体结构层外表面，如图 4-1 所示。作者将该模型与微气候模型 SOLENE-Microclimate 耦合，用于评价种植墙体对局地微气候以及建筑能耗的影响。D. Holm[22]开发的模型用于预测不同朝向、气候和墙体类型条件下，墙体表面覆盖植被时的热性能。该模型基于实验室特定类型的植被，未考虑植被蒸腾作用。Kontoleon 等人[23]基于热电相似理论构建了一个藤蔓式种植墙体简化模型，评价了墙体朝向、叶片密度和保温层位置对建筑围护结构整体热性能的影响。Irina 等人[24]基于植被层和墙体表面能量平衡建立了藤蔓式种植墙体热过程模型，分析了植被生物参数对墙体表面温度和通过热流的影响。Larsen 等人[25]基于 EnergyPlus 平台，分别利用墙体和窗体的遮阳模型近似模拟了种植墙体的热性能，结果显示该方法在潮湿和低风速条件下较为准确。

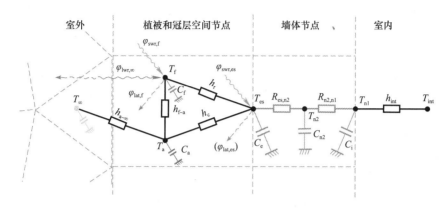

图 4-1　种植墙体的热节点网络模型[21]

　　国内学者对建筑立体绿化的热湿传递过程模型研究较少。1999 年，冯雅[26]构建了种植屋面的多相多组分热质迁移模型，采用有限容积法离散方程和边界条件，并利用 Newton-Raphson 迭代算法进行求解。2001 年，白雪莲[27]考虑了屋面板—土壤—植被—大气系统的完整热湿迁移数学模型用于模拟种植屋面的热性能，并用实测数据验证了该模型的准确性。对于墙体绿化的模型研究，国内学者主要考虑铺贴式种植墙体的热湿传递过程。在模拟该类型的种植墙体时一般采用附加当量热阻的方法[28]，或者基于 EnergyPlus 中的 ECO-ROOF 模型，预测有基质覆盖的种植墙体对室内热环境以及建筑能耗的影响[29,30]。

　　常见的建筑立体绿化结构可以简化为植被层、基质层和支撑结构层，其中支撑结构层包括了常用的蓄排水层、防水阻根层等功能结构。目前较为完备的建筑立体绿化热性能预测模型均考虑了以下热交换过程：（1）植被层以及基质层表面的辐射传输过程；（2）植被层与大气之间的对流显热和潜热传递过程；（3）基质层表面与大气之间的对流显热和潜热传递过程；（4）基质层和结构层的热湿传递过程。由于基质层与结构层之间设有防水阻根层，所以结构层一般不考虑其内部的湿传递，按照一维导热过程处理。上述模型在考虑热湿传递过程时大多参考了气象学中的土壤—植被—大气之间的能量、质量传输过程模型（Soil-Vegetation-Atmosphere Transfer，简称 SVAT 模型），通过将 SVAT 模型与普通建筑围护结构的传热过程耦合，用于模拟建筑立体绿化对室内外热环境的影响。根据气象学中对植被冠层的简化处理方式，SVAT 模型主要可以分为以下三类[31]：单层模型、双层模型和多层模型。单层模型将植被冠层和基质层简化为一个下垫面整体，并考虑下垫面与大气之间的热量、动量和质量的交换，由于计算简单而被较多采用。双层模型将植被冠层与基质层分开处理，分别考虑两者的动量、热量和物质转化迁移以及两者之间的相互作用（如辐射换热），具有较为清晰的物理意义。第三种是多层模型，将植被冠层分为若干层，

49

高分辨率地描述植被冠层内的温湿度、辐射分布以及叶气界面的水热交换过程。

表 4-1 总结了文献中常见的建筑立体绿化热湿迁移模型类型，分别从模型的热质平衡、蒸散作用和辐射项的计算方式、离散程度、土壤热湿传递以及验证项进行了描述。由表 4-1 可知，大部分模型将立体绿化划分为植被层和土壤层两层节点，并且考虑了热量和质量两种迁移模式。根据所需的计算条件，蒸散作用主要有三种计算模型：基于蒸汽压差的水蒸气扩散模型、基于气象特征的能量平衡模型和 Bowen 率模型，其中第一种计算模型使用较多。模型中的辐射项主要有两种计算模式，分别是基于 Beer 定律和经验消光系数的辐射平衡模型以及只考虑立体绿化表面反射率的整体辐射模型，大多数模型采用前者。土壤热湿传递过程主要有三种模型：只考虑一维导热过程的纯热传递模型，分别独立考虑一维热传递和湿传递模型，以及热湿耦合传递模型，前两种模型使用较多。通过研究已有建筑立体绿化模型可以发现，建筑立体绿化的热湿迁移是一个多层材料参与、不同物理过程相互耦合的复杂过程。现有的模型大多针对各地区的立体绿化结构，由于气候、植被、基质等要素的不同，是否能够应用到其他地区尚需经过验证。另外，现有大多数模型中对植被冠层的辐射传输过程处理较为简单，没有考虑短波或者长波辐射在冠层内的多重反射和吸收作用。基质层的湿分分布与植被层的蒸腾有密切关系，但是现有模型对基质层的湿分平衡计算大多基于简化的"水桶模型"，没有考虑基质层的湿分分层对基质层热湿耦合迁移过程的影响。因此在现有模型的基础上，本章提出了以下新的建筑立体绿化热湿耦合迁移模型。

建筑立体绿化热湿传递模型                                                                     表 4-1

| 研究者 | 热质平衡 | 蒸散作用 | 辐射项 | 离散程度 | 土壤热湿传递 | 验证项 |
|---|---|---|---|---|---|---|
| Tabares-Velasoal[32] | 热量和质量平衡 | 水蒸气扩散模型 | Beer 定律和经验消光系数 | 单层植被层和土壤层 | 一维导热模型 | ET、热流、热对流、土壤层、植被表面温度 |
| S. E. Ouldboukhitine[13] | 热量和质量平衡 | 基于气象特征的能量平衡模型 | Beer 定律和经验消光系数 | 单层植被层和土壤层 | 一维导热模型和一维水分传输模型 | 土壤层、植被层表面温度 |
| H. He，C. Y. Jim[33] | 热量和质量平衡 | Bowen 率模型 | 整体辐射模型 | 没有分层 | 无 | 入射辐射、反射辐射、净辐射 |
| C. Feng 等人[34] | 热量平衡 | 实测数据 | 整体辐射模型 | 没有分层 | 实测土壤热流 | 进入室内的热流 |
| Sailor 等人[12] | 热量和质量平衡 | 水蒸气扩散模型 | 植被覆盖率 | 单层植被层和土壤层 | 一维导热模型 | 土壤层、植被层表面温度 |
| Takebayashi 等人[35] | 热量和质量平衡 | 蒸发率经验系数 | 整体辐射模型 | 没有分层 | 一维导热模型和一维水分传输模型 | 土壤温度和体积含水率 |
| Alexandri 和 Jones[14] | 热量与质量平衡 | 水蒸气扩散模型 | Beer 定律和经验消光系数 | 多层植被和土壤层 | 一维导热模型和一维水分传输模型 | 土壤、植被温度以及植被气孔阻力 |
| Lazzarin 等人[36] | 热量与质量平衡 | 基于气象特征的能量平衡模型 | Beer 定律和经验消光系数 | 多层植物和土壤层 | 一维导热模型 | 屋面蒸腾率 |

| 研究者 | 热质平衡 | 蒸散作用 | 辐射项 | 离散程度 | 土壤热湿传递 | 验证项 |
|---|---|---|---|---|---|---|
| Del Barrio 和 Elena Palomo[11] | 热量与质量平衡（土壤体积含水率恒定） | 水蒸气扩散模型 | Beer 定律和经验消光系数 | 单层植物和土壤层 | 一维导热模型 | 无 |
| 白雪莲[27] | 热量与质量平衡 | 水蒸气扩散模型 | Beer 定律和经验消光系数 | 单层植被层和土壤层 | 一维热湿耦合迁移模型 | 植被冠层温度、土壤层温度 |
| 冯雅[26] | 热量与质量平衡 | 水蒸气扩散模型 | 整体辐射模型 | 单层植被层和土壤层 | 一维热湿耦合迁移模型 | 土壤不同高度温度、通过屋面热流 |

# 4.1　建筑立体绿化热湿耦合迁移模型的基本假设

为了便于描述建筑立体绿化的热湿迁移过程，需要对立体绿化的传热传湿过程做适当简化。基于现有的文献资料，本模型采取以下假设：

（1）将建筑立体绿化简化为植被层、基质层和结构层。对于种植墙体，还包括空气夹层和支架层。

（2）立体绿化的植被层和基质层都是均匀分布的，各向同性。因此，将立体绿化的热湿迁移过程简化为沿着垂直于基质表面方向的一维过程。

（3）忽略沿着植被茎秆的热传递，并且植被冠层内的空气温度近似认为是均匀的，即可以用集总参数法进行描述。植被气孔内的湿空气近似认为是饱和的，可以根据植被叶片温度计算气孔内的空气水蒸气分压力。

（4）植被冠层近似为半透明介质，太阳短波辐射和天空长波辐射在其内部的传播遵循 Beer 定律。

（5）忽略植被体内的含湿量变化，近似认为基质层含湿量的变化是由于植被层的蒸腾作用和基质层表面的蒸发过程所致。

（6）植被生长良好、覆盖均匀，没有发生萎蔫现象。由于光合作用等生化过程所消耗的能量仅占太阳辐射的不到 1%[37]，因此忽略上述生化过程对植被冠层能量平衡的影响。

# 4.2　建筑立体绿化热湿耦合迁移模型的建立

基于上述假设，构建建筑立体绿化热湿耦合迁移模型。以种植屋面为例，模型的示意图如图 4-2 所示。建筑立体绿化热湿传递过程所涉及的若干物理过程之间是相互耦合影响的：植被冠层的蒸腾作用受到植被冠层内辐射分布以及基质含湿量分布的影响；基质含湿量分布与基质表面蒸发率相互影响；基质表面的蒸发过程与基质表面的温度有关；基质表面的温度受到冠层辐射分布的影响。在前人模型的基础上，本章建立的数学模型进一步考虑了植被冠层内的太阳辐射多重反射，以及基质层的湿分分层对立体绿化热湿耦合迁移过程的影响。模型各个部分之间的联系如图 4-3 所示，主要包括植被冠层辐射分布、植被冠层能量平衡、基质表面能量平衡，基质层内部的热湿耦合迁移过程以及结构层的热传递过程。

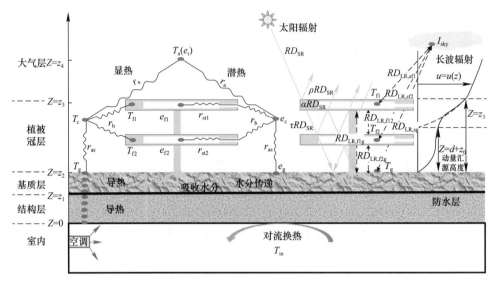

图 4-2 种植屋面热湿耦合迁移过程示意图

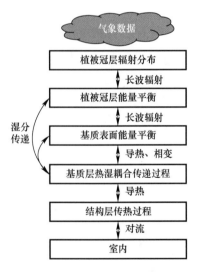

图 4-3 种植屋面热湿耦合
传递模型框架图

### 4.2.1 植被冠层的长波辐射

在长波范围内，植被叶片的透射率和反射率几乎可以忽略[11]，因此长波辐射只能通过植被冠层的缝隙到达基质表面。基于 Beer 定律[38] 可以得到植被冠层的长波辐射透过率，如式（4-1）所示：

$$\tau_{\mathrm{LR,c}} = \exp(-k_{\mathrm{LR}} \cdot LAI) \tag{4-1}$$

式中 $k_{\mathrm{LR}}$——植被冠层的长波辐射消光系数（对于叶片倾角为 45° 的植物冠层取 0.829[11]）；

$LAI$——植被冠层的叶面积指数。

若植被冠层分为 $n$ 个节点，则第 $i$ 层节点接收到的长波辐射如式（4-2）所示：

$$RD_{\mathrm{LR,fi}} = F_{ij}\varepsilon_i\varepsilon_j\sigma(T_{\mathrm{f},j}^4 - T_{\mathrm{f},i}^4)$$
$$+ F_{ig}\varepsilon_i\varepsilon_g\sigma(T_{\mathrm{g}}^4 - T_{\mathrm{f},i}^4) + F_{i\mathrm{sky}}\varepsilon_i(I_{\mathrm{sky}} - \sigma T_{\mathrm{f},i}^4) \tag{4-2}$$

$$I_{\mathrm{sky}} = \sigma(0.51 + 0.0066\sqrt{e_{\mathrm{r}}})T_{\mathrm{a}}^4 \tag{4-3}$$

式中 $RD_{\mathrm{LR,fi}}$——植被冠层第 $i$ 层的长波辐射，$\mathrm{W/m^2}$；

$F_{ij}$——第 $i$ 层和第 $j$ 层的辐射角系数；

$F_{ig}$——植被冠层第 $i$ 层和土壤表层之间的辐射角系数；

$F_{i\mathrm{sky}}$——植被冠层第 $i$ 层与天空之间的辐射角系数；

$\varepsilon$——叶片长波辐射吸收率；

$\sigma$——史蒂芬玻尔兹曼常数；

$I_{\mathrm{sky}}$——天空长波辐射，$\mathrm{W/m^2}$；

$T_g$ 和 $T_{f,i}$——分别为土壤表层温度，和第 $i$ 层植被叶片温度，K；

$\quad T_a$——参考高度处空气温度，K；

$\quad e_r$——参考高度处水蒸气分压力，Pa。

$$F_{ij} = \begin{cases} (1-\tau_{LR,c,i}) \cdot \tau_{LR,c,i-1} \cdots \tau_{LR,c,j+1} \cdot (1-\tau_{LR,c,j}) & j < i \\ (1-\tau_{LR,c,i}) \cdot \tau_{LR,c,i+1} \cdots \tau_{LR,c,j-1} \cdot (1-\tau_{LR,c,j}) & j > i \end{cases} \tag{4-4}$$

$$F_{ig} = (1-\tau_{LR,c,i}) \cdot \tau_{LR,c,i+1} \cdot \tau_{LR,c,i+2} \cdots \tau_{LR,c,n-1} \cdot (1-\tau_{LR,c,n}) \tag{4-5}$$

$$F_{isky} = (1-\tau_{LR,c,i}) \cdot \tau_{LR,c,i-1} \cdot \tau_{LR,c,i-2} \cdots \tau_{LR,c,2} \cdot (1-\tau_{LR,c,1}) \tag{4-6}$$

## 4.2.2　植被冠层的太阳辐射

植被冠层的太阳辐射吸收率 $\alpha_{SR,c}$、反射率 $\rho_{SR,c}$ 和透射率 $\tau_{SR,c}$ 可由下式定义[11]：

$$\alpha_{SR,c} = 1 - \rho_{SR,c} - \tau_{SR,c} \tag{4-7}$$

$$\rho_{SR,c} = (1 - \tau_{SR,c}) \cdot \rho_{SR,f} \tag{4-8}$$

$$\tau_{SR,c} = \exp(-k_{SR} \cdot LAI) = \exp(-0.74 k_{LR} \cdot LAI) \tag{4-9}$$

其中，$k_{SR}$ 为植被冠层的太阳辐射消光系数。经过多重反射、吸收和透射之后，可推导出植被冠层每层的综合太阳辐射吸收率，如下式所示：

$$\alpha_{\overline{12}\cdots j} = \alpha_1 \left( 1 + \frac{\tau_1 \rho_{23\cdots j}}{1 - \rho_1 \rho_{23\cdots j}} \right) \tag{4-10}$$

$$\alpha_{12\cdots\overline{i}\cdots j} = \alpha_{12\cdots\overline{i\cdots j}} - \alpha_{12\cdots\overline{i+1\cdots j}} \tag{4-11}$$

$$\alpha_{12\cdots\overline{j}} = \frac{\tau_{12\cdots j-1}\alpha_j}{1 - \rho_{j-1\cdots 21}\rho_j} \tag{4-12}$$

其中，

$$\tau_{12\cdots j} = \frac{\tau_{12\cdots j-1}\tau_j}{1 - \rho_{j-1\cdots 21}\rho_j} \tag{4-13}$$

$$\rho_{j\cdots 21} = \rho_j + \frac{\tau_j^2 \rho_{j-1\cdots 21}}{1 - \rho_j \rho_{j-1\cdots 21}} \tag{4-14}$$

$$\alpha_{12\cdots\overline{i\cdots j}} = \frac{\tau_{12\cdots i-1}\alpha_{i\cdots j}}{1 - \rho_{i-1\cdots 21}\rho_{i\cdots j}} \tag{4-15}$$

$$\alpha_{i\cdots j} = 1 - \tau_{i\cdots j} - \rho_{i\cdots j} \tag{4-16}$$

植被冠层每层的太阳辐射 $RD_{SR,fi}$ 可由入射太阳辐射乘以每层的综合太阳辐射吸收率得到：

$$RD_{SR,fi} = \alpha_{12\cdots\overline{i}\cdots j} RD_{SR} \tag{4-17}$$

## 4.2.3　植被冠层的能量平衡

除了上述长波辐射和太阳短波辐射之外，植被冠层叶片与大气之间还存在对流显热交换和蒸腾潜热换热，其能量平衡如式（4-18）所示：

$$(\rho C_p)_f d_f LAI_i \frac{dT_{fi}}{dt} = RD_{SR,fi} + RD_{LR,fi} + H_{fi} + E_{fi} \tag{4-18}$$

式中，方程左侧为植被冠层的蓄热，其中，$(\rho C_p)_f$ 为植被冠层的容积热容（J/(m³·K)），$d_f$ 为叶片厚度（m），$t$ 表示时间。方程右侧中 $H_{fi}$ 和 $E_{fi}$ 分别为植被冠层与大气之间的对流显热和潜热交换（W/m²）。根据植物生理学知识可知，植被的蒸腾作用包括两个阶段：液态水在叶片气孔腔内汽化，汽化之后的水分子通过叶片气孔向周围静止空气层扩散，然后进入上方大气。同理，对于植被与大气之间的对流显热交换，首先要在叶片周围空气层进行扩散，然后还需要通过植被冠层上方进行湍流交换。因此对于潜热输送，除了受到气孔阻力之外，还要受到叶片表面边界层阻力和冠层上方空气动力学阻力，而对流显热输送主要受到后两个阻力的影响。根据大气近地面层动量、热量和水汽量的铅直湍流交换理论[37]，植被冠层叶片与冠层空气之间对流显热和潜热传输的计算式如下所示：

$$H_{fi} = LAI_i (\rho C_p)_a \frac{(T_{fi} - T_c)}{r_b} \tag{4-19}$$

$$E_{fi} = LAI_i \frac{(\rho C_p)_a}{\gamma} \frac{(e_{fi} - e_c)}{(r_{st} + r_b)} \tag{4-20}$$

式中　$(\rho C_p)_a$——空气的容积热容，J/(m³·K)；

　　　$T_c$——冠层内空气的温度，℃；

　　　$\gamma$——干湿表常数（psychrometric constant）；

　　　$e_{fi}$——植被叶片温度 $T_{f,i}$ 对应的饱和蒸汽压，Pa；

　　　$e_c$——冠层内空气的蒸汽压，Pa；

　　　$r_b$——叶片表面空气边界层阻力，s/m；

　　　$r_{st}$——植被叶片的气孔阻力，s/m。

## 4.2.4　基质表面的能量平衡

基质表面的能量平衡方程如式（4-21）所示。左侧两项分别是从基质下方传入的对流显热量和潜热量，右侧三项依次为基质与外界大气之间的辐射换热量、对流显热和潜热换热量。基质表层的含湿量平衡方程如式（4-22）所示，考虑了基质表层的蒸发散湿和植被根系的吸水作用。与叶片的换热类似，如式（4-23）和式（4-24）所示，基质表面与大气的对流显热换热要受到冠层内部空气动力学阻力和冠层外部空气动力学阻力的作用；而基质表层与大气的潜热换热除了上述阻力之外，还要受到基质表层蒸发阻力的作用，该蒸发阻力与基质表层含湿量有关。

$$-\lambda_g \frac{\partial T_g}{\partial z}\big|_{z=0} - L\left(D_{v\theta} \frac{\partial \theta}{\partial z} + D_{vT} \frac{\partial T_g}{\partial z}\right) = RD_g + H_g + E_g \tag{4-21}$$

$$\rho_w \Delta z \frac{d\theta}{dt} = -\frac{\partial (q_l + q_v)}{\partial z} - \frac{E_g}{L} - S \tag{4-22}$$

$$H_g = (\rho C_p)_a \frac{(T_g - T_c)}{r_{as}} \tag{4-23}$$

$$E_g = \frac{(\rho C_p)_a}{\gamma} \frac{(e_g - e_c)}{r_{gs} + r_{as}} \tag{4-24}$$

式中　$\lambda_g$——基质导热系数，W/(m·K)；

　　　$L$——水蒸气蒸发潜热，J/kg；

$D_{v\theta}$ 和 $D_{vT}$——分别为基质含湿量梯度下和温度梯度下水蒸气的传递系数，m²/s；

　　　$RD_g$——基质表层受到的长波辐射和太阳辐射净辐射之和，W/m²；

$H_g$ 和 $E_g$——分别为基质表层向外释放的对流显热和潜热，$W/m^2$；

$\rho_w$——液态水的密度，$kg/m^3$；

$\theta$——基质体积含湿量，$m^3/m^3$；

$q_l$ 和 $q_v$——分别为液态水和气态水通量，$kg/(m^2 \cdot s)$；

$S$——根系吸水速率，$kg/(m^2 \cdot s)$；

$e_g$——基质表面温度对应的饱和蒸汽压，Pa；

$r_{gs}$ 和 $r_{as}$——分别为基质表面蒸发阻力和植被冠层内的空气动力学阻力，s/m。

## 4.2.5　植被冠层内空气的能量和湿量平衡

植被冠层内的空气除了受到植被叶片、基质表面释放的对流显热和潜热之外，与冠层之外的大气还有能量和质量的交换。具体方程式如下：

$$(\rho C_p)_a (h - d_f LAI) \frac{\mathrm{d}T_c}{\mathrm{d}t} = -H_f - H_g - H_a \tag{4-25}$$

$$H_a = (\rho C_p)_a \frac{(T_r - T_c)}{r_a} \tag{4-26}$$

$$(h - d_f LAI) \frac{\mathrm{d}q_{ci}}{\mathrm{d}t} = \frac{E_f}{L} + \frac{E_g}{L} + \frac{(\rho C_p)_a}{\gamma \cdot L} \frac{(e_c - e_r)}{r_a} \tag{4-27}$$

式中　$h$——植被冠层厚度，m；

$H_a$——植被冠层内空气与外界大气之间的对流显热交换，$W/m^2$；

$d_f$——叶片厚度，m；

$q_{ci}$——冠层内空气的绝对含湿量，$kg/m^3$；

$r_a$——植被冠层到外界参考高度之间的空气动力学阻力，s/m；

$T_r$ 和 $e_r$——分别为参考高度处的空气温度，℃和水蒸气分压力，Pa。

## 4.2.6　基质层的热湿耦合迁移过程

根据 Philip 和 Devries 的多孔介质热湿传递理论[39]，基质内的湿分是在温度梯度和含湿量梯度的驱动下发生迁移的，而热量迁移涉及导热、空气和湿分的对流以及相变换热。同时基质内热湿迁移过程的传递系数也是温度和体积含湿率的函数，从而将热量和湿量传递耦合起来。具体方程如下所示：

$$\rho_w \Delta z \frac{\partial \theta}{\partial t} = -\frac{\partial (q_l + q_v)}{\partial z} - S \tag{4-28}$$

$$(\rho C_p)_g \frac{\partial T_g}{\partial t} + (\rho C_p)_w q_1 \frac{\partial T_g}{\partial z} = -\frac{\partial q_g}{\partial z} \tag{4-29}$$

$$q_1 = -\left( D_{l\theta} \frac{\partial \theta}{\partial z} + D_{lT} \frac{\partial T_g}{\partial z} \right) - K_s \tag{4-30}$$

$$q_v = -\left( D_{v\theta} \frac{\partial \theta}{\partial z} + D_{vT} \frac{\partial T_g}{\partial z} \right) \tag{4-31}$$

$$q_g = -\lambda_g \frac{\partial T_g}{\partial z} - L\rho_w \left( D_{vT} \frac{\partial T_g}{\partial z} + D_{v\theta} \frac{\partial \theta}{\partial z} \right) \tag{4-32}$$

式中　$(\rho C_p)_g$——基质的容积热容，$J/(m^3 \cdot K)$，包括基质颗粒以及湿分；

$(\rho C_p)_w$——液态水的体积热容，$J/(m^3 \cdot K)$；

$q_g$——基质层内的显热和潜热通量，$W/m^2$；

$D_{l\theta}$ 和 $D_{lT}$——含湿量梯度和温度梯度下的液态水扩散率，$m^2/s$；

$K_s$——液态水在基质内的渗透系数，$m/s$。

### 4.2.7 屋面（墙体）结构层和支架层的传热过程

建筑立体绿化除了基质层和植被层之外，还需要其他结构。对于种植屋面，一般基质层下方是阻根层和蓄排水层。但是这部分材料相对基质层非常薄，对于种植屋面热性能的影响很小。为了便于计算常常忽略这部分材料的保温作用，或者将其附加到结构层上[12]。对于铺贴式种植墙体，由于其基质层往往是固定在支架上的，支架与结构层之间存在一个封闭的空气间层，因此不能忽略该结构的保温隔热作用。此外，相对于基质层而言，支架层和结构层内的湿分传递强度非常微弱，因此可以近似忽略该结构内的湿分传递，仅考虑其热传递过程。热传递过程采用傅里叶导热定律，如下式所示：

$$(\rho C_p)_p \frac{\partial T_p}{\partial t} = \lambda_p \frac{\partial^2 T_p}{\partial z^2} \tag{4-33}$$

$$(\rho C_p)_s \frac{\partial T_{sl}}{\partial t} = \lambda_s \frac{\partial^2 T_{sl}}{\partial z^2} \tag{4-34}$$

式中　$(\rho C_p)_p$——支架层的容积热容，$J/(m^3 \cdot K)$；

$T_p$——支架层的温度，℃；

$\lambda_p$——支架层的导热系数，$W/(m \cdot K)$；

$(\rho C_p)_s$——结构层的容积热容，$J/(m^3 \cdot K)$；

$T_{sl}$——结构层温度，℃；

$\lambda_s$——结构层的导热系数，$W/(m \cdot K)$。

### 4.2.8 边界条件

1. 建筑屋面（墙体）的内表面

$$-\lambda_s \frac{\partial T_{sl}}{\partial z}\Big|_{z=0} = h_i(T_{sl}\big|_{z=0} - T_{in}) + RD_{in} \tag{4-35}$$

式中　$h_i$——内表面对流换热系数（根据《民用建筑热工设计规范》GB 50176—2016，取 8.7$W/m^2 \cdot K$）；

$RD_{in}$——内表面的净辐射，$W/m^2$；

$T_{in}$——室内空气温度，℃。

2. 墙体结构层外表面

屋面结构层外表面与上方基质层相接触，由于屋面包含防水层，因此其边界处只考虑导热过程，忽略边界处的湿分传递和接触热阻。而墙体外表面为封闭空气间层，忽略空气间层的蓄热作用，则墙体外表面的传热方程为：

$$-\lambda_s \frac{\partial T_{sl}}{\partial z}\Big|_{z=d_1} = h_{ca}(T_{sl}\big|_{z=d_1} - T_p\big|_{z=d_1+\delta}) \tag{4-36}$$

式中　$d_1$ 和 $\delta$——分别为墙体厚度以及空气间层厚度，m；

$h_{ca}$——封闭空气间层的综合传热系数，$W/m^2 \cdot K$，涉及空气导热、对流以及封闭空气间层表面之间的长波辐射，其经验表达式如下式所示[40]。

$$h_{ca} = \frac{\lambda_a}{\delta} + 0.942\delta^{\frac{1}{2}}(\Delta t)^{\frac{1}{2}} + \frac{5.67 \times 10^{-8}(T_1^2 + T_2^2)(T_1 + T_2)}{\frac{1}{\varepsilon_1} + \frac{1}{\varepsilon_2} - 1} \tag{4-37}$$

式中  $\lambda_a$——空气导热系数，$W/(m \cdot K)$；

$\Delta t$——空气间层两侧温度 $T_1$ 和 $T_2$ 之差的绝对值（$|T_1 - T_2|$），℃；

$\varepsilon_1$ 和 $\varepsilon_2$——分别为空气间层两表面的长波辐射发射率。

3. 支架层的内表面

同理，支架层的内表面换热方程为：

$$-\lambda_p \frac{\partial T_p}{\partial z}\Big|_{z=d_1+\delta} = h_{ca}(T_p|_{z=d_2} - T_{sl}|_{z=d_1}) \tag{4-38}$$

## 4.2.9 热湿传递阻力和相关参数

1. 植被冠层内外空气动力学阻力

根据 Choudhury 的 SVAT 理论[41]，对于均匀植被冠层，由基质蒸发表面到冠层蒸发面之间的空气动力学阻力 $r_{as}$，以及由冠层蒸发面到参考高度之间的空气动力学阻力 $r_a$ 可由下列方程表示：

$$r_a = \frac{1}{k^2 u}\left[\ln\left(\frac{Z_r - d_p}{Z_0}\right)\right]^2 \tag{4-39}$$

$$r_{as} = \frac{h \exp^n}{n K_h}\left[\exp\left(\frac{-n Z_0^s}{h}\right) - \exp\left(\frac{-n(Z_0 + d_p)}{h}\right)\right] \tag{4-40}$$

式中  $k$——Karman 系数，取 0.41；

$u$——参考高度（$Z_r$）处的风速，$m/s$；

$Z_0$——有植被覆盖时的下垫面粗糙度，m；

$d_p$——移位高度❶，m，而且 $Z_0$ 和 $d_p$ 随着叶面积指数变化；

$h$——植被冠层高度，m；

$n$——湍流扩散衰减系数，取经验值 2.5；

$K_h$——冠层高度处的湍流扩散度，$m^2/s$；

$Z_0^s$——裸露土壤的粗糙度，一般取 0.01。

相关参数的经验公式如下：

$$d_p = 1.1h\ln[1 + (0.07LAI)^{0.25}] \tag{4-41}$$

$$Z_0 = \begin{cases} Z_0^s + 0.3h(0.07LAI)^{0.5}, & 0 < (0.07LAI) \leqslant 0.2 \\ 0.3h(1 - d/h), & 0.2 < (0.07LAI) \leqslant 1.5 \end{cases} \tag{4-42}$$

$$K_h = k^2(h - d_p)u/\ln\{(z_r - d)/Z_0\} \tag{4-43}$$

2. 叶片平均边界层阻力

植被冠层平均边界层阻力是指作用在叶片表面与植被冠层上界面之间的水热通量所产生的空气动力学作用。其经验表达式如下所示[42]：

$$r_b = \left(\frac{100}{n}\right)\left(\frac{w}{u}\right)^{1/2}\left[1 - \exp\left(-\frac{n}{2}\right)\right]^{-1}/LAI \tag{4-44}$$

---

❶ 移位高度是描述下垫面空气动力学特征的重要物理量，反映了气流与植被发生相互作用的平均高度。移位高度加上下垫面粗糙度为近地层平均风速为零的高度，可以根据实测风速廓线统计得到。

### 3. 植被冠层平均气孔阻力

根据 Jarvis 建立的非线性多因子阶乘模型[43]，有学者提出了不同的经验公式。其中常用的表达式如下所示[12,38]：

$$r_{st} = \frac{r_{s,min}}{LAI} f_1(RD_{SR}) f_2(T_f) f_3(\theta) f_4(e_f - e_r) \tag{4-45}$$

$$f_1(RD_{SR}) = \frac{0.81(0.004\,RD_{SR} + 1)}{(0.004\,RD_{SR} + 0.005)} \tag{4-46}$$

$$f_2(T_f) = \frac{e^{0.3(T_f - 273.15)} + 258}{e^{0.3(T_f - 273.15)} + 27} \tag{4-47}$$

$$f_3(e_f - e_r) = \frac{1}{1 - 0.41\ln(e_f - e_r)} \tag{4-48}$$

$$f_4(\theta) = \frac{\theta^{max} - \theta^{min}}{\theta - \theta^{min}} \tag{4-49}$$

### 4. 基质表面的蒸发阻力

基质表面的蒸发阻力是指在蒸发过程中水汽从水汽源到达基质表面的扩散过程中受到的阻力，在基质表层处于非饱和状态或者干燥状态时较为明显。影响基质表面蒸发阻力的主要因素有基质湿度、水汽压、基质温度梯度、基质孔隙直径等参数。由于基质表面阻力的影响因素比较复杂，难以建立综合考虑各因素的阻力模型，学者根据实际蒸发过程中基质表层体积含湿率的实测数据拟合得到一些经验公式，大多采用如下形式：

$$r_g = a + b\left(\frac{\theta_b}{\theta_s}\right)^c \tag{4-50}$$

式中　$\theta_b$——基质表层体积含湿率；

　　　$\theta_s$——饱和体积含湿率。

本模型采用基于 Tabares-Velasco[38] 实验得出的经验系数：$a=0$，$b=34.5$，$c=3.3$。

### 5. 基质水分输运参数

水分输运参数与水的物性直接相关，而水的物性参数又受到温度的影响，比如水的黏性系数、表面张力系数等。水的黏性与温度有关的修正因子如下[37]：

$$\nu = \exp\left[\frac{3.05(T - \overline{T})}{(T - \overline{T}) + 125}\right] \tag{4-51}$$

水的表面张力系数受到温度影响从而影响基质水势的修正因子为：

$$\Gamma = \left(1 + \frac{1}{\eta}\frac{d\eta}{dT}(T - \overline{T})\right) \tag{4-52}$$

式中　$\eta$——水的表面张力；

　　　$\overline{T}$——参考温度，0℃。

（1）水分渗透系数

由于水的黏性系数与温度有关，导致水分渗透系数也与温度有关，根据 Rosema 等人的推导[37]，水分渗透系数 $K_s$ 可以表示为：

$$K_s(\theta, T) = \nu\overline{K(\theta)} \tag{4-53}$$

式中　$\overline{K(\theta)}$——相应参考温度 $\overline{T}$ 下的水分渗透系数，m/s。

（2）水分扩散率

水分扩散率包括液态和气态水分扩散系数，其表达式如下：

液态水分扩散率：

$$D_{\theta l} = \nu \cdot \Gamma \cdot \overline{K(\theta)} \frac{\partial \bar{\psi}}{\partial \theta} \tag{4-54}$$

式中　$\dfrac{\partial \bar{\psi}}{\partial \theta}$——水分特征曲线的斜率。

气态水分扩散率：

$$D_{\theta v} = F_z \cdot D_v \cdot \frac{p}{p-e} \cdot \frac{g M_v \rho_v \Gamma}{\rho_w R(T+273.15)} \frac{\partial \bar{\psi}}{\partial \theta} \tag{4-55}$$

式中　$D_v$——水蒸气在空气中的扩散系数，$m^2/s$；

$p$ 及 $e$——分别为基质中的气压及平衡蒸汽压，Pa；

$g$——重力加速度，$m/s^2$；

$M_v$——水蒸气摩尔质量，18g/mol；

$\rho_v$ 和 $\rho_w$——分别为水蒸气和液态水的密度，$kg/m^3$；

$R$——气体常数，$R=8.314J/(mol \cdot K)$；

$F_z$——基质中多孔介质扩散截面变化及扩散路程弯曲的综合效应[39]。

（3）由热效应引起的水分扩散率

基质中由热效应引起的液态水分扩散系数和气态水分扩散系数如下：

$$D_{Tl} = \frac{1}{\eta} \frac{d\eta}{dT} \cdot K(\theta) \cdot \psi \tag{4-56}$$

$$D_{Tv} = F_z \cdot D_v \cdot \frac{M_v \xi \Delta}{\rho_w R(T+273.15)} \tag{4-57}$$

式中　$\Delta$——饱和蒸汽压关于温度变化的斜率；

$\xi$——基质中平衡蒸汽压相对饱和蒸汽压的比率，其经验表达式为：

$$\xi = \exp\left[\frac{g M_v \psi}{R(T+273)}\right] \tag{4-58}$$

6. 其他相关参数

模型中的其他相关参数，如湿度计常数、水蒸气汽化潜热、饱和蒸汽压、饱和蒸汽压曲线斜率、空气导热系数如表 4-2[44] 所示。

其他相关参数　　　　　　　　　　　　　表 4-2

| 参数 | 表达式 | 备注 |
|---|---|---|
| 空气导热系数 [W/(m·K)] | $\lambda_a = 0.0244 + 8\times10^{-5}T$ | 温度 $T$（℃）时空气导热系数 |
| 汽化潜热 （MJ/kg） | $L = 2.501 - (2.361\times10^{-3})T$ | 温度 $T$（℃）时水蒸气汽化潜热 |
| 湿度计常数 | $\gamma = \dfrac{C_p P}{0.662L}$ | $C_p$ 为水蒸气比热容（MJ/kg·℃）$P$ 为大气压（kPa） |
| 饱和蒸汽压 （kPa） | $e_w = 0.6108\exp\left[\dfrac{17.27T}{(T+237.3)}\right]$ | 温度 $T$（℃）时水蒸气饱和蒸汽压 |

| 参数 | 表达式 | 备注 |
|------|--------|------|
| 饱和蒸汽曲线斜率<br>（kPa/K） | $\Delta = \dfrac{4098\left[0.6108\exp\left(\dfrac{17.27T}{T+237.3}\right)\right]}{(T+237.3)^2}$ | 饱和蒸汽压在温度 $T$（℃）时的斜率 |

# 4.3　模型求解方法

## 4.3.1　模型的线性化

为了求解植被冠层和土壤表面的能量平衡方程，需要对方程中的非线性项进行线性化处理，即将非线性项表示为关于植被冠层温度和土壤表面温度的线性表达式。

1. 长波辐射中温度四次方项 $T_{\mathrm{f}}^4$ 和 $T_{\mathrm{g}}^4$

$$\left[T_{\mathrm{f}}^{(n+1)}\right]^4 = \left[T_{\mathrm{f}}^{(n)}\right]^4 + 4\left[T_{\mathrm{f}}^{(n)}\right]^3\left[T_{\mathrm{f}}^{(n+1)} - T_{\mathrm{f}}^{(n)}\right] \tag{4-59}$$

$$\left[T_{\mathrm{g}}^{(n+1)}\right]^4 = \left[T_{\mathrm{g}}^{(n)}\right]^4 + 4\left[T_{\mathrm{g}}^{(n)}\right]^3\left[T_{\mathrm{g}}^{(n+1)} - T_{\mathrm{g}}^{(n)}\right] \tag{4-60}$$

式中　$T_{\mathrm{f}}^{(n+1)}$ 和 $T_{\mathrm{g}}^{(n+1)}$——当前时刻植被冠层和土壤表面的温度，K；

$T_{\mathrm{f}}^{(n)}$ 和 $T_{\mathrm{g}}^{(n)}$——上一个时刻植被冠层和土壤表面的温度，K。

2. 水蒸气分压力差

$$e_{\mathrm{f}} - e_{\mathrm{r}} = \Delta_{\mathrm{r}}(T_{\mathrm{f}} - T_{\mathrm{r}}) + e_{\mathrm{s}}T_{\mathrm{r}} - e_{\mathrm{r}} \tag{4-61}$$

$$e_{\mathrm{g}} - e_{\mathrm{r}} = \Delta_{\mathrm{r}}(T_{\mathrm{g}} - T_{\mathrm{r}}) + e_{\mathrm{s}}T_{\mathrm{r}} - e_{\mathrm{r}} \tag{4-62}$$

式中　$\Delta_{\mathrm{r}}$——参考高度处空气温度 $T_{\mathrm{r}}$ 下的饱和蒸汽压曲线斜率；

$e_{\mathrm{s}}(T_{\mathrm{r}})$——$T_{\mathrm{r}}$ 下的饱和蒸汽压，Pa。

## 4.3.2　模型计算流程

上述模型为非线性、非齐次的偏微分方程，常规的解析法难以求解，只能采用数值方法求取近似解。隐式差分格式对于时间步长和空间步长都是无条件稳定的，因此本研究采用隐式差分格式离散上述偏微分方程。每一个时间步长内的具体计算流程如下：

（1）在每一个时间步内，首先以初始基质和冠层温湿度作为预估值，计算上述模型中的各个参数。

（2）根据实测的气象参数，包括太阳辐射、温度、湿度以及植物的状况，计算植被冠层和基质表层的净太阳辐射和净长波辐射。

（3）将上述参数代入基质表层和植物冠层的能量和质量平衡方程中，计算植被冠层以及基质表层的蒸发率。移项合并后得到线性方程组［式（4-63）和式（4-64）］，求解该方程组，计算该时间步内的冠层平均温度和基质表面温度。

$$A_1^m + A_2^m T_{\mathrm{g}}^m + A_3^m T_{\mathrm{f}}^m = 0 \tag{4-63}$$

$$B_1^m + B_2^m T_{\mathrm{g}}^m + B_3^m T_{\mathrm{f}}^m = 0 \tag{4-64}$$

式中　$m$ 代表 $m\Delta t$ 时刻；参数 $A_1^m$ 至 $A_3^m$、$B_1^m$ 至 $B_3^m$ 为关于植被冠层温度以及基质表面温度的函数。

（4）将上述计算结果作为基质层、支架层、结构层的边界条件，并采用隐式差分格式对后者的传热传湿方程进行离散，得到关于温度和基质体积含湿率的两个三对角方程组，如式（4-65）所示。采用追赶法求解三对角方程组得到该时间步长的温度和含湿率分布。

$$C1_i^m Y_{i-1}^m + C2_i^m Y_i^m + C3_i^m Y_{i+1}^m = C4_i^m \quad (i = 2, \cdots n) \tag{4-65}$$

式中，$Y$ 为基质层的温度或者体积含湿率，$i$ 为空间格点的位置编号，$C1_i^m$ 至 $C4_i^m$ 为基质温度及体积含湿率在 $m\Delta t$ 时刻的函数。在基质热湿耦合迁移方程中，由于基质水分运动参数随含湿率的变化较大，且一般不是线性关系，因此对差分方程中出现的控制单元边界处参数值，在空间上取上下两点参数值的几何平均值计算。

（5）以上述计算结果作为估计值，再次重复（1）到（4）的步骤，直至前后两次计算结果小于给定的误差限值则迭代收敛，否则利用该时间步的迭代值作为新的预报值，重复上述计算步骤。

计算过程的流程如图 4-4 所示，模型的输入输出参数如表 4-3 所示。

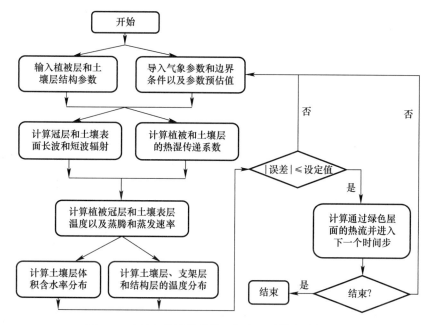

图 4-4　建筑立体绿化的热湿耦合迁移模型计算流程

**热湿耦合迁移模型输入输出参数**　　表 4-3

| 植被层输入参数 | 植被高度（m）、叶片厚度（m）、叶面积指数、叶片太阳辐射反射率、叶片长波辐射发射率、最小气孔阻力（s/m） |
| --- | --- |
| 基质层输入参数 | 基质导热系数 [W/(m·K)]、基质热容 [J/(kg·K)]、基质水分渗透系数（m/s）、体积含湿量与基质水势（Pa）关系曲线、基质表面反射率、基质表面发射率、基质厚度（m） |
| 结构层输入参数 | 结构层导热系数 [W/(m·K)]、结构层比热容 [J/(kg·K)]、结构层密度（kg/m³）、结构层厚度（m） |
| 气象条件输入参数 | 太阳辐射（W/m²）、空气温度（℃）、空气相对湿度（%）、风速（m/s） |
| 室内参数 | 空气温度（℃） |
| 初始条件 | 各层节点初始温度（℃）、基质层初始体积含湿率（m³/m³） |
| 模型输出参数 | 各层节点温度分布（℃）、基质层体积含湿率（m³/m³）、通过内表面的热流（W/m²）、植被冠层对流显热和潜热（W/m²）、基质表层对流显热和潜热（W/m²）、植被和基质表层短波和长波辐射（W/m²） |

## 4.4　本章小结

本章考虑植被冠层内辐射的多重反射以及基质层内的湿分分布，建立了新的建筑立体绿化一维热湿耦合迁移数学模型。该模型为建筑立体绿化热性能的研究提供了理论基础和仿真工具，本书后续章节将基于实测数据对该数学模型进行进一步验证。

### 本章参考文献

[1]　Eumorfopoulou E，Aravantinos D. The contribution of a planted roof to the thermal protection of buildings in Greece [J]. Energy and buildings，1998，27 (1)：29-36.

[2]　Niachou A，Papakonstantinou K，Santamouris M，et al. Analysis of the green roof thermal properties and investigation of its energy performance [J]. Energy and buildings，2001，33 (7)：719-729.

[3]　Wong N H，Cheong D K W，Yan H，et al. The effects of rooftop garden on energy consumption of a commercial building in Singapore [J]. Energy and buildings，2003，35 (4)：353-364.

[4]　Bass B，Baskaran B. Evaluating rooftop and vertical gardens as an adaptation strategy for urban areas [R]. National Research Council of Canada，2003.

[5]　Liu K，Baskaran B. Thermal performance of green roofs through field evaluation [C]//The first North American green roof infrastructure conference，2003.

[6]　Alcazar S S，Bass B. Energy performance of green roofs in a multi-storey residential building in Madrid [C]//The 3rd annual international greening rooftops for sustainable communities conference，2005.

[7]　Saiz A S. Greening the dwelling：A life cycle energy analysis of green roofs in residential buildings [D]. University of Toronto，2000.

[8]　Nayak J K，Srivastava A，Singh U，et al. The relative performance of different approaches to the passive cooling of roofs [J]. Building and Environment，1982，17 (2)：145-161.

[9]　Cappelli D'Orazio M，Cianfrini C，Corcione M. Effects of vegetation roof shielding on indoor temperatures [J]. Heat and Technology，1998，16 (2)：85-90.

[10]　Gaffin S，Rosenzweig C，Parshall L，et al. Quantifying evaporative cooling from green roofs and comparison to other land surfaces [C]//The 4th annual international greening rooftops for sustainable communities conference，2006.

[11]　Del Barrio E P. Analysis of the green roofs cooling potential in buildings [J]. Energy and buildings，1998，27 (2)：179-193.

[12]　Sailor D J. A green roof model for building energy simulation programs [J]. Energy and buildings，2008，40 (8)：1466-1478.

[13]　Ouldboukhitine S E，Belarbi R，Jaffal I，et al. Assessment of green roof thermal behavior：A coupled heat and mass transfer model [J]. Building and environment，2011，46 (12)：2624-2631.

[14]　Alexandri E，Jones P. Developing a one-dimensional heat and mass transfer algorithm for describing the effect of green roofs on the built environment：Comparison with experimental results [J]. Building and Environment，2007，42 (8)：2835-2849.

[15]　Tabares-Velasco P C，Zhao M，Peterson N，et al. Validation of predictive heat and mass transfer green roof model with extensive green roof field data [J]. Ecological Engineering，2012，47：165-173.

[16]　Wong N H，Tan A Y K，Tan P Y，et al. Energy simulation of vertical greenery systems [J]. Energy and buildings，2009，41 (12)：1401-1408.

［17］　Carlos J S. Simulation assessment of living wall thermal performance in winter in the climate of Portugal ［J］. Building simulation，2015，8（1）：3-11.

［18］　Alexandri E，Jones P. Temperature decreases in an urban canyon due to green walls and green roofs in diverse climates ［J］. Building and environment，2008，43（4）：480-493.

［19］　Djedjig R，Bozonnet E，Belarbi R. Modeling green wall interactions with street canyons for building energy simulation in urban context ［J］. Urban Climate，2016，16：75-85.

［20］　Scarpa M，Mazzali U，Peron F. Modeling the energy performance of living walls：Validation against field measurements in temperate climate ［J］. Energy and Buildings，2014，79：155-163.

［21］　Malys L，Musy M，Inard C. A hydrothermal model to assess the impact of green walls on urban microclimate and building energy consumption ［J］. Building and environment，2014，73：187-197.

［22］　Holm D. Thermal improvement by means of leaf cover on external walls—a simulation model ［J］. Energy and Buildings，1989，14（1）：19-30.

［23］　Kontoleon K J，Eumorfopoulou E A. The effect of the orientation and proportion of a plant-covered wall layer on the thermal performance of a building zone ［J］. Building and environment，2010，45（5）：1287-1303.

［24］　Susorova I，Angulo M，Bahrami P，et al. A model of vegetated exterior facades for evaluation of wall thermal performance ［J］. Building and Environment，2013，67：1-13.

［25］　Larsen S F，Filippín C，Lesino G. Modeling double skin green façades with traditional thermal simulation software ［J］. Solar energy，2015，121：56-67.

［26］　冯雅，陈启高. 种植屋面热过程的研究 ［J］. 太阳能学报，1999，20（3）：311-315.

［27］　白雪莲，冯雅，刘才丰. 生态型节能屋面的研究（之一）——种植屋面热湿迁移的数值分析 ［J］. 四川建筑科学研究，2001，27（2）：62-64.

［28］　黄任. 广州地区立体绿化对建筑热环境及能耗影响研究 ［D］. 广州：广州大学，2013.

［29］　宁博，于航，何畅，等. 南方地区垂直绿化对办公建筑能耗的影响研究 ［J］. 建筑热能通风空调，2016，35（12）：33-36.

［30］　刘秀强. 建筑物外墙垂直绿化对墙体温度和建筑能耗影响研究 ［D］. 南昌：华东交通大学，2016.

［31］　卫三平，王力，吴发启. SVAT 模型的研究与应用 ［J］. 中国水土保持科学，2008，6（2）：113-120.

［32］　Tabares-Velasco P C，Srebric J. Experimental quantification of heat and mass transfer process through vegetated roof samples in a new laboratory setup ［J］. International journal of heat and mass transfer，2011，54（25-26）：5149-5162.

［33］　Jim C Y，He H. Coupling heat flux dynamics with meteorological conditions in the green roof ecosystem ［J］. Ecological Engineering，2010，36（8）：1052-1063.

［34］　Feng C，Meng Q，Zhang Y. Theoretical and experimental analysis of the energy balance of extensive green roofs ［J］. Energy and buildings，2010，42（6）：959-965.

［35］　Takebayashi H，Moriyama M. Surface heat budget on green roof and high reflection roof for mitigation of urban heat island ［J］. Building and environment，2007，42（8）：2971-2979.

［36］　Lazzarin R M，Castellotti F，Busato F. Experimental measurements and numerical modelling of a green roof ［J］. Energy and Buildings，2005，37（12）：1260-1267.

［37］　孙菽芬. 陆面过程的物理、生化机理和参数化模型 ［M］. 北京：气象出版社，2005.

［38］　Tabares-Velasco P C. Predictive heat and mass transfer model of plant-based roofing materials for assessment of energy savings ［D］. The Pennsylvania State University，2009.

［39］　Philip J R，De Vries D A. Moisture movement in porous materials under temperature gradients ［J］. Eos，Transactions American Geophysical Union，1957，38（2）：222-232.

［40］ 孟庆林，蔡宁，陈启高. 封闭空气层热阻的理论解 ［J］. 华南理工大学学报：自然科学版，1997 (4)：116-119.

［41］ Choudhury B J，Monteith J L. A four-layer model for the heat budget of homogeneous land surfaces ［J］. Quarterly Journal of the Royal Meteorological Society，1988，114 (480)：373-398.

［42］ Shuttleworth W J，Gurney R J. The theoretical relationship between foliage temperature and canopy resistance in sparse crops ［J］. Quarterly Journal of the Royal Meteorological Society，1990，116 (492)：497-519.

［43］ Jarvis P G. The interpretation of the variations in leaf water potential and stomatal conductance found in canopies in the field ［J］. Philosophical Transactions of the Royal Society of London. B，Biological Sciences，1976，273 (927)：593-610.

［44］ 白龙. 基于双涌源模型的浑善达克沙地野生黄柳生育期需水量研究 ［D］. 呼和浩特：内蒙古农业大学，2014.

# 第 5 章　建筑立体绿化热性能的实验研究

为了定量分析建筑立体绿化的热性能，本章以上海地区某建筑立体绿化实验平台为基础，采用自然环境下的对比实验方法，对草坪式种植屋面和铺贴式种植墙体的热性能进行了测试。通过现场测试可以得到：（1）不同条件下种植屋面或者墙体与对应的普通屋面或墙体在保温隔热性能上的区别；（2）建筑立体绿化和普通建筑围护结构温度分布随时间的变化规律。上述结果将为夏热冬冷地区建筑立体绿化的实际应用提供直观参考，同时也可为第 4 章建立的建筑立体绿化热湿耦合迁移模型的验证提供实验数据。本章内容分为两部分：第一部分介绍建筑立体绿化现场测试平台；第二部分根据实测结果分析其热性能。

## 5.1　建筑立体绿化热性能实验平台

以草坪式种植屋面和铺贴式种植墙体为测试对象建立了测试平台。图 5-1 为夏季两种建筑立体绿化的热性能测试现场照片，图 5-2 为种植屋面春季、秋季和冬季的现场照片，图 5-3 为种植墙体冬季的现场照片。通过比较可以发现，由于采用的植物不同，种植屋面植被层在不同季节的状态差异较大，而种植墙体植被层状态差异较小。测试平台为彩钢板＋EPS 保温板房，其结构和热物性参数如表 5-1 所示。包括两个房间，面积均为 3m×3m×2.7m。

(a)

(b)

图 5-1　测试平台（作者拍摄）

（a）种植屋面；（b）种植墙体

(a)

(b)

(c)

图 5-2　种植屋面春季、秋季、冬季的现场照片（作者拍摄）

（a）春季；（b）秋季；（c）冬季

图 5-3 种植墙体冬季现场照片（作者拍摄）

**测试平台的热物性参数**　　　　　　　　　　表 5-1

| 材料 | 厚度 | 密度 | 比热 | 导热系数 |
|------|------|------|------|----------|
| 彩钢板 | 1.2mm | 7850kg/m³ | 480J/(kg·K) | 48W/(m·K) |
| EPS保温板 | 60mm | 20kg/m³ | 1400J/(kg·K) | 0.04W/(m·K) |

图 5-1(a) 中右侧为原始普通屋面，左侧为覆盖了 36 个模块式草坪绿化的种植屋面。模块式绿化的外观和结构示意图如图 5-4 所示，将植被层、基质层和排水层整合在一个塑料槽中有利于种植屋面的加工和快速安装。植被层采用上海地区常见的佛甲草，具有适应性强、易维护的优点。基质层为轻质营养土，厚度约 4cm。塑料槽厚度约为 3mm，中间部分区域设有排水孔。图 5-1(b) 中墙面（朝西）右侧为板房的裸墙体，左侧为铺贴式种植墙体。铺贴式种植墙体结构自内向外分别为板房结构层、封闭空气层、雪弗板、毡布、绿化种植袋。如图 5-5 所示，绿化种植袋通过钢钉固定在敷设有毡布的雪弗板上，雪弗板安装在钢制支架上，钢制支架再固定在板房结构层的表面，形成一个整体。在雪弗板的顶部安装有管道，通过定时器对种植墙体进行自动灌溉。种植袋中基质层厚度约为 6cm，所选植物为花叶蔓。

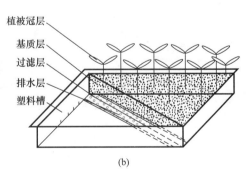

植被冠层
基质层
过滤层
排水层
塑料槽

(a)　　　　　　　　　　(b)

图 5-4 绿化模块现场照片和结构示意图

图 5-5 垂直绿墙现场施工照片（作者拍摄）

被测房间安装有分体式空调，可以控制室内空气温度。测试期间两个房间均为密闭状态，通过数据采集仪定时采集数据。测点布置如图 5-6 和图 5-7 所示。测试内容包括植被层、基质层、结构层的温度分布，基质层的体积含湿率以及通过围护结构内表面的热流。每一个测点设置 4～6 个探头，探头均匀布置在测试平台中心区域，避免边缘传热产生的误差。测试平台附近布置小型气象站测试局部微气候，测试仪器参数见表 5-2。

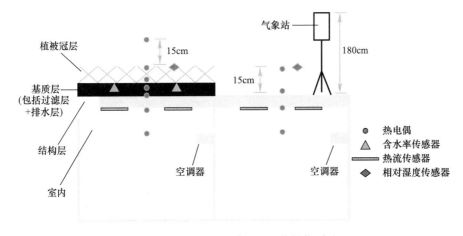

图 5-6　种植屋面和普通屋面热性能测试

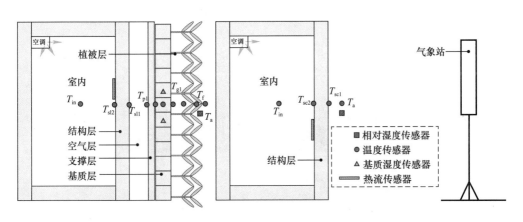

图 5-7　种植墙体与普通墙体热性能测试

测试仪器参数　　　　　　　　　　　　　　　　　　　表 5-2

| 设备 | 类型 | 测试内容 | 精度 | 准确性 |
|---|---|---|---|---|
| 数据采集仪 | 安捷伦 34970A | — | — | — |
| 热电偶 | T 型 | 温度 | 0.1℃ | ±0.1℃ |
| 湿度 | WSZY-1 | 相对湿度 | 0.1% | ±2% |
| 土壤湿度计 | FDS-100 | 体积含水率 | 0.01% | ±2% |
| 热流计 | HFM-215N | 热流 | 0.01W/m² | ±3% |
| 气象站 | TRM-ZS2 | 温度 | 0.1℃ | ±0.2℃ |
| | | 相对湿度 | 0.1% | ±3% |
| | | 风速 | 0.1m/s | ±0.3m/s |
| | | 太阳辐射 | 1W/m² | ±5% |
| | | 降雨量 | 0.1mm | ±4% |

## 5.2 测试结果分析

### 5.2.1 夏季种植屋面与普通屋面热性能的比较

测试时间为 2014 年 7 月 30 日～8 月 31 日，其中 8 月 5～15 日为自然工况下的测试，8 月 20～31 日为空调工况下的测试。为了避免不同测试阶段之间的干扰，本研究选择 8 月 8～12 日的测试数据用于分析自然工况下两种屋面的热性能，8 月 26～30 日的测试数据用于分析空调工况下两种屋面的热性能。两个测试阶段的气象条件如图 5-8 和图 5-9 所示。夏季自然工况测试周期内室外平均气温为 25.9℃，平均相对湿度为 81.2%；空调工况测试周期内室外平均气温为 24.7℃，平均相对湿度为 80.9%，室内温度设定为 25.0℃。两个测试周期内太阳辐射最大值均约为 1000W/m²，平均风速分别为 1.80m/s 和 1.87m/s。

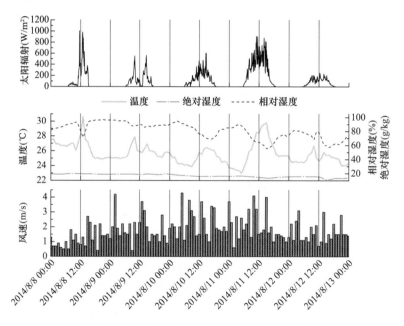

图 5-8　夏季种植屋面自然工况测试阶段室外气象参数

自然工况下种植屋面和普通屋面的热性能如图 5-10 所示。从图中可以看出室外太阳辐射比较强烈的中午，种植屋面上方（15cm 处）的局部空气温度低于普通屋面上方（15cm 处）局部空气温度，最大降温幅度可达 8℃；而在太阳辐射较弱的阴天和夜间，两种屋面上方局部空气温度差异不明显。表明室外太阳辐射越强，种植屋面的冷却效果越好。由表 5-3 可知，种植屋面的植被层和基质层还具有抑制结构层外表面温度波动的作用，其全天最大波动幅度只有 6.5℃，而普通屋面波动幅度为 42.2℃。从两种屋面结构层内表面的温度变化可以看出，种植屋面白天对室内起到冷却作用，而在夜间则起到保温作用，从温差可以看出白天的冷却幅度大于夜间的保温幅度。从热流的分布也可以发现种植屋面全天均表现为从室内吸收热量，而普通屋面则白天向室内放热而夜间从室内吸热，总体效果表现为向室内放热。空调工况下的测试结果如图 5-11 所示，由表 5-4 可知，屋面上方局部空气温度、结构层内外表面温度，与自然工况下两种屋面的差别相似。从通过两种屋面内表面的热流可以看出，空调工况下白天通过种植屋面的热流为正值，与普通屋面热流方向相似，表现出向室内放热。夜间普通屋面热流为负值，表现为从室内吸热，通过种植屋面的热流则趋近于 0。空调工况下两种屋面的热流差最大可以达到 22.5W/m²，而自然工况下热流差最大为 21W/m²。比较两种条件下种植屋面的热性能可以发现，种植屋面的隔热和保温效果不仅与种植屋面本身的特性有关，还取决于室内外热环境。

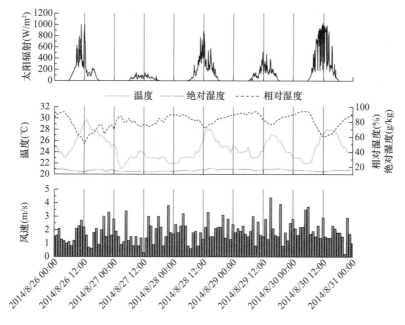

图 5-9　夏季种植屋面空调工况测试阶段室外气象参数

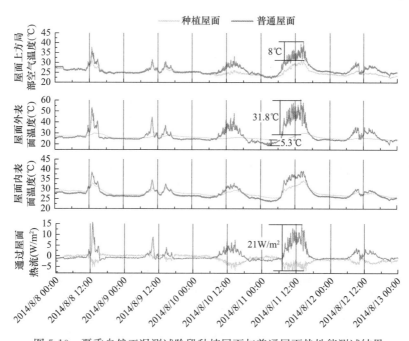

图 5-10　夏季自然工况测试阶段种植屋面与普通屋面热性能测试结果

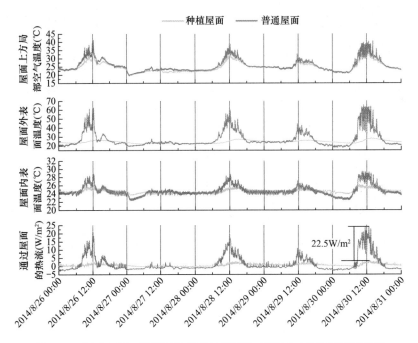

图 5-11　夏季空调工况测试阶段种植屋面与普通屋面热性能测试结果

**夏季自然工况下种植屋面与普通屋面热性能比较**　　　　　　　　　　　　表 5-3

| | 屋面上方局部空气温度（℃） | | | 屋面外表面温度（℃） | | |
|---|---|---|---|---|---|---|
| | 种植屋面 | 普通屋面 | 差值 | 种植屋面 | 普通屋面 | 差值 |
| 平均值 | 25.3 | 26.5 | 1.2 | 26.2 | 27.9 | 1.8 |
| 最大值 | 31.9 | 40.7 | 8.0 | 30.0 | 61.1 | 31.8 |
| 最小值 | 22.2 | 22.1 | −1.6 | 23.5 | 18.9 | −5.3 |
| | 屋面内表面温度（℃） | | | 热流（W/m²） | | |
| | 种植屋面 | 普通屋面 | 差值 | 种植屋面 | 普通屋面 | 差值 |
| 平均值 | 28.0 | 27.9 | −0.1 | −1.3 | 0.2 | 1.6 |
| 最大值 | 34.3 | 39.2 | 6.2 | 1.3 | 15.7 | 21.0 |
| 最小值 | 25.4 | 23.5 | −2.0 | −6.8 | −2.5 | −3.5 |

**夏季空调工况下种植屋面与普通屋面热性能比较**　　　　　　　　　　　　表 5-4

| | 屋面上方局部空气温度（℃） | | | 屋面外表面温度（℃） | | |
|---|---|---|---|---|---|---|
| | 种植屋面 | 普通屋面 | 差值 | 种植屋面 | 普通屋面 | 差值 |
| 平均值 | 24.7 | 25.7 | 1.0 | 24.3 | 27.3 | 2.9 |
| 最大值 | 34.6 | 41.3 | 7.2 | 28.1 | 65.5 | 40.0 |
| 最小值 | 19.9 | 19.5 | −0.9 | 22.3 | 17.6 | −5.8 |
| | 屋面内表面温度（℃） | | | 热流（W/m²） | | |
| | 种植屋面 | 普通屋面 | 差值 | 种植屋面 | 普通屋面 | 差值 |
| 平均值 | 24.6 | 24.7 | 0.1 | 0.8 | 1.6 | 0.8 |
| 最大值 | 26.2 | 29.4 | 3.9 | 3.4 | 23.9 | 22.5 |
| 最小值 | 23.5 | 22.4 | −1.7 | −0.7 | −2.7 | −3.8 |

## 5.2.2　夏季种植墙体与普通墙体的热性能比较

种植墙体夏季热性能测试从 2015 年 8 月 1 日开始，至 2015 年 8 月 8 日结束，选择其中 8 月 2～6 日的数据进行分析。期间的气象条件如图 5-12 所示，室外平均温度为 31.7℃，平均相对湿度为 63.2％，太阳辐射最大值为 950W/m²，平均风速为 2.6m/s。实验期间室内温度设定在 25.0℃，灌溉系统每天夜间 12：00 工作一次，每次工作 0.5h，确保种植墙体基质层水分充足。

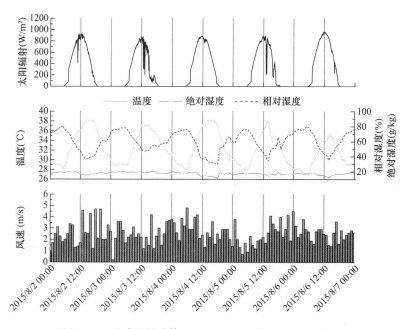

图 5-12　夏季种植墙体空调工况测试阶段室外气象参数

测试结果如图 5-13 所示。由表 5-5 可知，夏季普通墙体结构层外表面最高温度达到 58.5℃，而种植墙体结构层外表面仅为 32.8℃。夜间后者温度比前者高 3.7℃。说明白天通过种植墙体的热流显著小于普通墙体，而在夜间则稍大于普通墙体。种植墙体结构层外表面温度波的峰值出现时间比普通墙体大约延迟 6h。当太阳辐射强烈时，种植墙体附近的局部（15cm 处）空气温度比普通墙体局部（15cm 处）空气温度低（最大温差为 6.7℃），夜间则几乎没有差别。种植墙体内表面温度平均值比普通墙体内表面温度平均值低 0.4℃，内表面温度波动幅度减小 1.7℃。总结种植屋面和种植墙体夏季的热性能可以发现，相对于普通建筑围护结构，建筑立体绿化可以显著降低白天结构层外表面温度峰值。同时，由于种植屋面和种植墙体具有较好的蓄热性能，导致温度峰值的出现时间推迟，夜间外表面温度略高。通过建筑立体绿化的热流平均值也显著低于普通建筑围护结构，特别是在太阳辐射强烈的正午。由于植被的蒸发冷却以及遮阳作用，使得进入室内的热流非常小（最大仅为 6.6W/m²）。除了保温隔热作用之外，建筑立体绿化对室外微气候，特别是对其上方局部空气温度有明显的降低作用，这主要是由于植被的蒸发冷却作用导致。夜间由于植被的蒸发冷却作用显著降低，植被冠层温度近似等于室外环境温度。

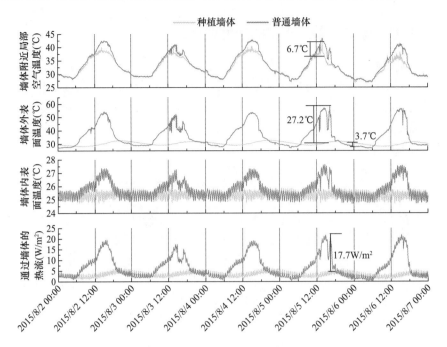

图 5-13　夏季空调工况下种植墙体与普通墙体热性能测试结果

夏季空调工况下种植墙体与普通墙体热性能比较　　　　　　　　　　表 5-5

| | 墙体局部空气温度（℃） | | | 屋面外表面温度（℃） | | |
|---|---|---|---|---|---|---|
| | 种植墙体 | 普通墙体 | 差值 | 种植墙体 | 普通墙体 | 差值 |
| 平均值 | 31.9 | 32.6 | 0.7 | 30.1 | 35.2 | 5.1 |
| 最大值 | 41.6 | 43.4 | 6.7 | 32.8 | 58.5 | 27.2 |
| 最小值 | 26.8 | 26.9 | −0.8 | 28.0 | 26.7 | −3.7 |

| | 屋面内表面温度（℃） | | | 热流（W/m²） | | |
|---|---|---|---|---|---|---|
| | 种植墙体 | 普通墙体 | 差值 | 种植墙体 | 普通墙体 | 差值 |
| 平均值 | 25.3 | 25.7 | 0.4 | 3.2 | 6.3 | 3.1 |
| 最大值 | 25.9 | 27.6 | 2.0 | 6.6 | 22.2 | 17.7 |
| 最小值 | 24.6 | 24.6 | −0.3 | 0.7 | 0.3 | −2.4 |

## 5.2.3　冬季种植屋面与普通屋面热性能的比较

冬季种植屋面的热性能实验周期为 2014 年 12 月 1～16 日，其中 12 月 1～7 日为自然工况下的测试，12 月 8～16 日为空调工况下的测试，室内温度设定为 24.0℃。

类似地，本节选择 12 月 2～6 日的测试数据分析自然工况下两种屋面冬季的热性能，12 月 9～13 日的测试数据用于分析空调工况下两种屋面冬季的热性能。两个测试周期内的气象条件如图 5-14 和图 5-15 所示。冬季自然工况和空调工况下室外平均温度分别为 3.9℃ 和 6.7℃，相对湿度分别为 52.7% 和 64.9%，太阳辐射最大值分别为 480W/m² 和 430W/m²，平均风速分别为 1.7m/s 和 2.1m/s。自然工况下两种屋面的热性能如图 5-16 所示，由表 5-6 可知，冬季种植屋面上方局部空气温度比普通屋面上方局部空气温度平均低 1.3℃，种植屋面结构层外表面温度比普通屋面结构层外表面温度平均高 0.9℃。由图

5-16 可知，白天种植屋面结构层外表面比普通屋面结构层外表面温度低，最大温差为25℃，夜间却比后者要高，最大温差为 12.5℃。从通过两种屋面内表面的热流可知，冬季自然工况下种植屋面从室内吸收热量，而且白天的热流要大于夜间的热流。测试房间为轻质结构而且拥有较大面积的窗户，由于玻璃的温室效应，冬季白天室内温度上升较快。种植屋面由于遮阳和蒸腾作用，其基质层白天升温较慢，因此从室内吸收的热量较多；到了夜间由于基质层的蓄热作用，导致种植屋面从室内吸收的热量较少。对于普通屋面，由于其白天外表面升温较快，使得进入室内的热量逐渐增大；到了夜间由于天空长波辐射作用，其外表面温度下降较快，此时由于室内空气温度较高，使得普通屋面从室内吸收的热量较多。从通过两种屋面的热流可以看出，实验采用的种植屋面在冬季自然工况下不利于房间的保温，通过种植屋面流出的平均热流比通过普通屋面流出的平均热流大 $0.5\text{W/m}^2$。

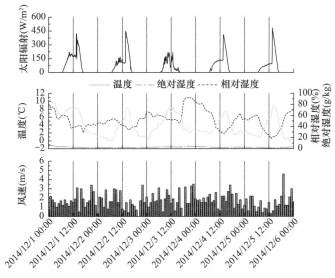

图 5-14　冬季种植屋面自然工况测试阶段室外气象参数

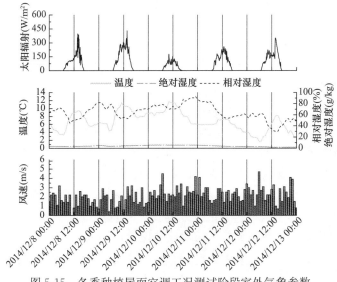

图 5-15　冬季种植屋面空调工况测试阶段室外气象参数

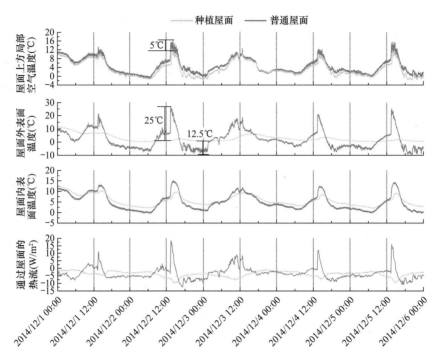

图 5-16　冬季自然工况测试阶段种植屋面与普通屋面热性能测试结果

冬季自然工况下种植屋面与普通屋面热性能比较　　　　表 5-6

| | 屋面上方空气温度（℃） | | | 屋面外表面温度（℃） | | |
|---|---|---|---|---|---|---|
| | 种植屋面 | 普通屋面 | 差值 | 种植屋面 | 普通屋面 | 差值 |
| 平均值 | 3.3 | 4.6 | 1.3 | 2.8 | 1.9 | −0.9 |
| 最大值 | 11.9 | 16.4 | 5.0 | 11.7 | 26.6 | 25.0 |
| 最小值 | −1.7 | −1.1 | −0.7 | 0.5 | −9.7 | −12.5 |
| | 屋面内表面温度（℃） | | | 热流（W/m²） | | |
| | 种植屋面 | 普通屋面 | 差值 | 种植屋面 | 普通屋面 | 差值 |
| 平均值 | 5.7 | 5.0 | −0.7 | −3.7 | −3.2 | 0.5 |
| 最大值 | 12.5 | 15.1 | 7.1 | −0.6 | 18.3 | 25.5 |
| 最小值 | 2.1 | −0.4 | −3.6 | −10.0 | −12.5 | −6.9 |

　　空调工况下两种屋面的热性能如图 5-17 所示，两种屋面上方局部空气温度和结构层温度分布与自然工况下类似。通过种植屋面的平均热流为负，即种植屋面从室内吸热。由表 5-7 可知，通过种植屋面流出的平均热流要比通过普通屋面流出的平均热流小 0.9W/m²，即此时实验采用的种植屋面在冬季空调工况下有利于房间的保温。分析上述两种情况可知，种植屋面在冬季不同室内温度下表现出不同的效果。一方面种植屋面的遮阳和蒸腾作用阻碍了太阳得热进入室内，另一方面种植屋面本身增加的热阻阻碍了热量流向室外，其冬季的综合性能取决于上述两种过程的强弱对比。在自然工况下室内外温差较小，遮阳、蒸腾作用对太阳得热的阻碍作用大于种植屋面的保温作用，此时种植屋面对室内环境具有冷却效果；空调工况下室内外温差大，遮阳、蒸腾作用对太阳得热的阻碍作用小于种植屋面的保温作用，此时种植屋面对室内具有保温效果。

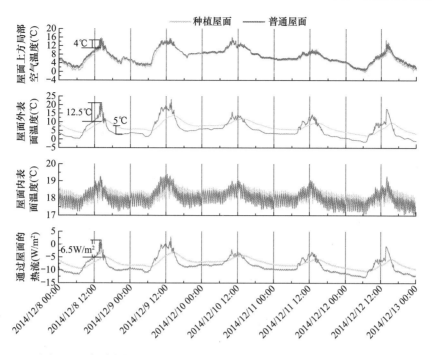

图 5-17　冬季空调工况测试阶段种植屋面与普通屋面热性能测试结果

**冬季空调工况下种植屋面与普通屋面热性能比较**　　　　　　表 5-7

| | 屋面上方空气温度（℃） | | | 屋面外表面温度（℃） | | |
|---|---|---|---|---|---|---|
| | 种植屋面 | 普通屋面 | 差值 | 种植屋面 | 普通屋面 | 差值 |
| 平均值 | 6.5 | 7.2 | 0.6 | 7.2 | 5.7 | −1.5 |
| 最大值 | 14.6 | 16.0 | 4.0 | 13.7 | 23.2 | 12.5 |
| 最小值 | −0.3 | 0.5 | −1.1 | 2.1 | −1.5 | −5.0 |

| | 屋面内表面温度（℃） | | | 热流（W/m²） | | |
|---|---|---|---|---|---|---|
| | 种植屋面 | 普通屋面 | 差值 | 种植屋面 | 普通屋面 | 差值 |
| 平均值 | 18.1 | 18.03 | −0.1 | −7.3 | −8.2 | −0.9 |
| 最大值 | 19.0 | 19.4 | 0.8 | −3.0 | 2.9 | 6.5 |
| 最小值 | 17.3 | 17.1 | −0.5 | −10.6 | −12.9 | −3.8 |

## 5.2.4　冬季种植墙体与普通墙体的热性能比较

冬季种植墙体热性能实验周期为 2014 年 12 月 13～20 日，期间室内温度设定为 24℃。选择 12 月 14～19 日的数据分析空调工况下两种墙体的冬季热性能，该时段的气象条件如图 5-18 所示，室外平均温度和平均相对湿度为 4℃、50.3%，最大太阳辐射强度和平均风速分别为 435W/m²、1.3m/s。

种植墙体和普通墙体的热性能如图 5-19 所示，与种植屋面类似，种植墙体附近 15cm 处的空气温度白天比对应的普通墙体附近空气温度低（最大为 2℃）。同时，两种墙体的结构层外表面温差白天最大为 12.5℃，夜间则为−10℃。由表 5-8 可知，在空调工况下种植墙体比普通墙体具有更好的保温效果，其平均热流比后者小 3.3W/m²。与空调工况下种植屋面相比，种植墙体的保温效果更好，主要原因是由于种植墙体的基质层厚度更大，而且具有一层 20cm 厚的空气层。结合该时段的气象条件可知，12 月 16 日室外温度与 12 月 15 日相当，但太阳辐射小很多。比较通过两种墙体的热流可知，在 12 月 16 日种植墙体相对普通墙体表现出了更好的保温效果，即冬季太阳辐射越弱，种植墙体的保温效果越好。

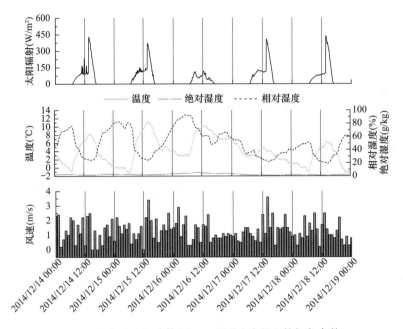

图 5-18　冬季种植墙体空调工况测试阶段室外气象参数

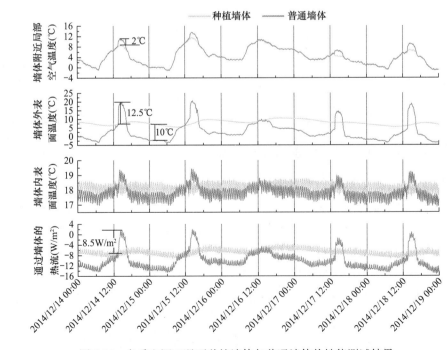

图 5-19　冬季空调工况下种植墙体与普通墙体热性能测试结果

冬季空调工况下种植墙体与普通墙体热性能比较 表 5-8

| | 墙体附近空气温度（℃） | | | 墙体外表面温度（℃） | | |
| --- | --- | --- | --- | --- | --- | --- |
| | 种植墙体 | 普通墙体 | 差值 | 种植墙体 | 普通墙体 | 差值 |
| 平均值 | 4.1 | 4.3 | 0.2 | 7.9 | 2.6 | −5.3 |
| 最大值 | 11.6 | 13.6 | 2.0 | 10.6 | 20.6 | 12.5 |
| 最小值 | −1.2 | −1.2 | 0.1 | 5.5 | −3.8 | −10.0 |
| | 墙体内表面温度（℃） | | | 热流（W/m²） | | |
| | 种植墙体 | 普通墙体 | 差值 | 种植墙体 | 普通墙体 | 差值 |
| 平均值 | 18.2 | 17.8 | −0.4 | −6.9 | −10.1 | −3.3 |
| 最大值 | 18.8 | 19.4 | 0.9 | −3.5 | 2.0 | 8.5 |
| 最小值 | 17.5 | 16.9 | −0.8 | −9.4 | −15.3 | −6.8 |

## 5.2.5 过渡季种植屋面与普通屋面热性能的比较

由图 5-2 可知，种植屋面在不同季节表现出了不同的生长状态。本节介绍过渡季自然工况下种植屋面的热性能。测试期间的逐时气象条件如图 5-20 和图 5-21 所示，平均气象条件如表 5-9 所示。测试结果如图 5-22 和图 5-23 所示，过渡季种植屋面与普通屋面热性能的变化趋势与夏季自然工况下相似。由表 5-10 和表 5-11 可知，过渡季与夏季的主要区别在于种植屋面与普通屋面对应的温度差和热流差的数值不同，这主要与室外气象条件以及植被层生长状态有关。从通过两种屋面内表面的热流数值可以看出，春季和秋季种植屋面对室内空间均表现出冷却效果。相对普通屋面，春季的平均冷却效果要高于秋季。这主要是由于春季测试期间的平均太阳辐射比秋季测试期间高，而且春季植被茂盛，叶片覆盖程度要大于秋季（图 5-2），使得植被的蒸腾和遮阳作用较强。

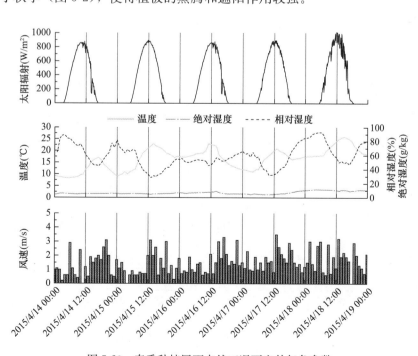

图 5-20 春季种植屋面自然工况下室外气象参数

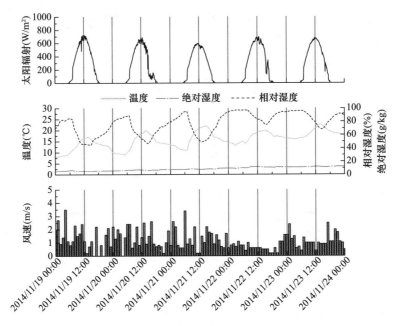

图 5-21 秋季种植屋面自然工况下室外气象参数

| | 过渡季测试期间的平均气象参数 | | | 表 5-9 |
|---|---|---|---|---|
| 季节 | 平均气温（℃） | 平均相对湿度（%） | 平均太阳辐射（kWh） | 平均风速（m/s） |
| 春季测试期间 | 16.5 | 59.4 | 33.9 | 1.5 |
| 秋季测试期间 | 15.7 | 77.1 | 23.5 | 1.2 |

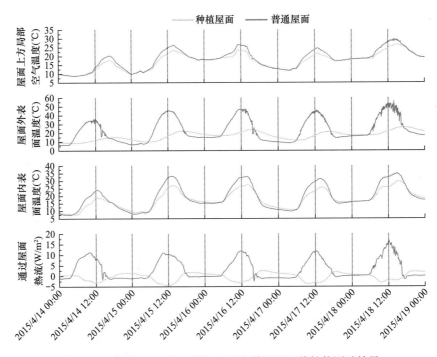

图 5-22 春季自然工况下种植屋面与普通屋面热性能测试结果

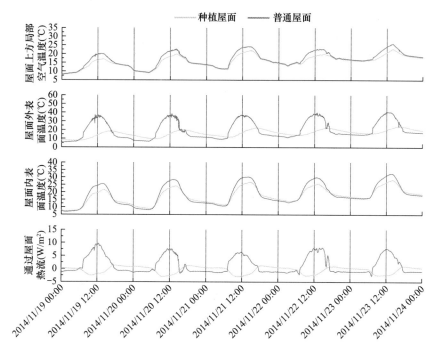

图 5-23　秋季自然工况下种植屋面与普通屋面热性能测试结果

**春季种植屋面与普通屋面热性能比较**　　　　　　　　　　表 5-10

| | 屋面上方空气温度（℃） | | | 屋面外表面温度（℃） | | |
| | 种植屋面 | 普通屋面 | 差值 | 种植屋面 | 普通屋面 | 差值 |
|---|---|---|---|---|---|---|
| 平均值 | 17.1 | 18.2 | 1.1 | 16.8 | 23 | 6.2 |
| 最大值 | 26.6 | 29.5 | 3.6 | 26.4 | 56.0 | 31.9 |
| 最小值 | 8.8 | 8.7 | −0.2 | 8.5 | 6.1 | −8.9 |

| | 屋面内表面温度（℃） | | | 热流（W/m²） | | |
| | 种植屋面 | 普通屋面 | 差值 | 种植屋面 | 普通屋面 | 差值 |
|---|---|---|---|---|---|---|
| 平均值 | 17.6 | 19.1 | 1.5 | −0.4 | 3.2 | 3.6 |
| 最大值 | 29.6 | 34.8 | 7.0 | 2.5 | 16.7 | 18.4 |
| 最小值 | 7.7 | 7.5 | −1.9 | −4.5 | −2.5 | −3.8 |

**秋季种植屋面与普通屋面热性能比较**　　　　　　　　　　表 5-11

| | 屋面上方空气温度（℃） | | | 屋面外表面温度（℃） | | |
| | 种植屋面 | 普通屋面 | 差值 | 种植屋面 | 普通屋面 | 差值 |
|---|---|---|---|---|---|---|
| 平均值 | 15.7 | 16.9 | 1.2 | 16.3 | 20.0 | 3.7 |
| 最大值 | 23 | 25.9 | 3.6 | 24.3 | 40.9 | 24.5 |
| 最小值 | 8 | 8.2 | 0.18 | 7.7 | 5.0 | −6.4 |

| | 屋面内表面温度（℃） | | | 热流（W/m²） | | |
| | 种植屋面 | 普通屋面 | 差值 | 种植屋面 | 普通屋面 | 差值 |
|---|---|---|---|---|---|---|
| 平均值 | 17.4 | 18.3 | 0.9 | −0.4 | 1.5 | 1.9 |
| 最大值 | 28.3 | 32.5 | 4.9 | 1.3 | 9.6 | 11.6 |
| 最小值 | 7.4 | 6.9 | −1.3 | −3.0 | −2.7 | −2.4 |

## 5.3  建筑立体绿化与普通建筑围护结构温度分布的比较

为了进一步分析种植屋面和普通屋面温度变化规律，本节对夏季和冬季相同室内外条件下，建筑立体绿化和普通建筑围护结构各测点在 3：00、6：00、9：00、12：00、15：00、18：00、21：00、24：00 共 8 个时刻的温度变化进行了比较。

1. 夏季种植屋面与普通屋面温度分布

比较夏季空调工况下植被冠层平均温度与室外空气平均温度（图 5-24）可知，由于植被层的蒸腾作用，两者之间的平均温差较小：最大温差出现在 12：00，约为 1.7℃；最小温差出现在夜间 24：00，约为 0.1℃。白天由于太阳辐射作用，植被冠层平均温度高于室外空气温度，而在夜间由于天空长波辐射的冷却作用，前者要略小于后者。

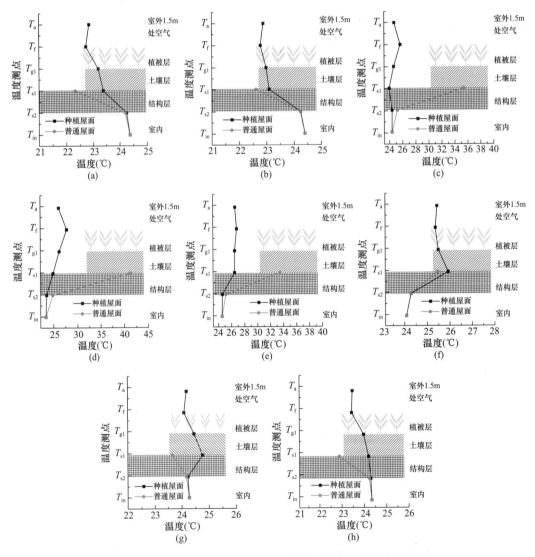

图 5-24  夏季空调工况下种植屋面与普通屋面日平均温度分布

（a）3：00；（b）6：00；（c）9：00；（d）12：00；（e）15：00；（f）18：00；（g）21：00；（h）24：00

由于植被冠层的遮阳作用以及基质表层的蒸发作用，白天基质表面温度与室外空气温度相差极小（不超过 0.1℃），但是在夜间由于植被层对长波辐射的遮挡作用以及基质层日间吸收太阳辐射储存的热量，使得基质表面的温度略高于室外空气温度，最大温差出现在 24：00，约为 0.5℃。比较结构层外表面温度可知，白天由于普通屋面直接受到太阳辐射的加热作用，使得其外表面温度显著高于种植屋面结构层外表面温度，最大温差出现在 12：00，约为 16.4℃。而在夜间由于基质层的蓄热作用，后者温度更高，最大温差出现在 24：00，约为 1.4℃。两种屋面内表面温度的变化规律与外表面相似，但由于结构层的衰减作用，两者的温差比外表面温差小很多，最大温差仅有 1.3℃。分析种植屋面夏季全天温度变化可知，白天由于植被层的遮阳和蒸腾作用，大大降低了基质层的导热和蓄热量，使得植被层比普通材料更具有隔热优势。

2. 冬季种植屋面与普通屋面温度分布

冬季空调工况下种植屋面与普通屋面的温度分布如图 5-25 所示。与夏季类似，种植屋面冬季植被冠层平均温度与室外空气温度差别较小，与室外空气温度的差值不超过 0.5℃。但与夏季不同的是，由于冬季植被层部分枯萎，基质表面有部分裸露在空气中（图 5-2），因此会直接受到太阳辐射和天空长波辐射的影响。比较基质表面温度与室外空气温度发现，白天基质表面温度比室外空气温度略高（最大温差 0.7℃），夜间由于没有植被层的遮挡，基质表面温度相较室外空气温度更低（最大温差为 1.3℃）。由于冬季太阳辐射较弱以及植被层的遮阳和蒸腾作用减小，导致白天两种屋面结构层外表面温差比夏季小很多，最大温差仅为 3.9℃。由于冬季室内外空气温差较大，种植屋面在基质层的保温

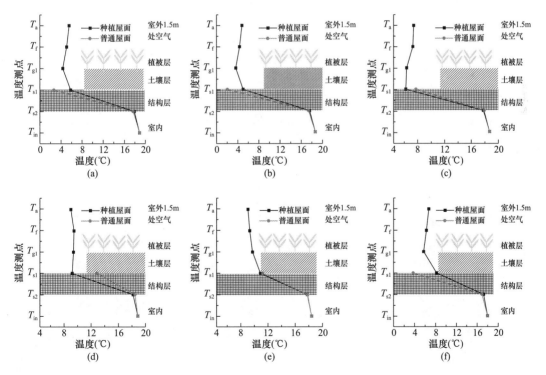

图 5-25 冬季空调工况下种植屋面与普通屋面日平均温度分布（一）

(a) 3：00；(b) 6：00；(c) 9：00；(d) 12：00；(e) 15：00；(f) 18：00

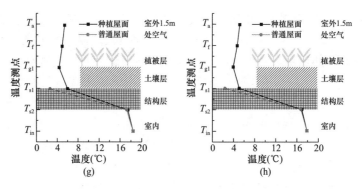

图 5-25　冬季空调工况下种植屋面与普通屋面日平均温度分布（二）

(g) 21：00；(h) 24：00

作用下，夜间的结构层外表面温度比普通屋面结构层外表面温度更高，最大温差为 4.6℃。在太阳辐射和天空长波辐射作用下，白天种植屋面结构层内表面温度比普通屋面略低（最大温差为 0.3℃），夜间则比普通屋面略高（最大温差为 0.31℃）。

　　3. 夏季种植墙体与普通墙体的温度分布

　　由图 5-26 可知，夏季空调工况下，种植墙体的植被层和基质表面的温度变化规律与种植屋面相似。植被层与基质层表面温度与室外空气温度的最大温差出现在 15：00，这主

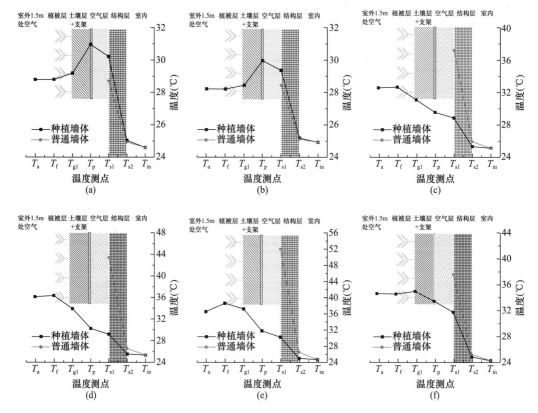

图 5-26　夏季空调工况下种植墙体与普通墙体日平均温度分布（一）

(a) 3：00；(b) 6：00；(c) 9：00；(d) 12：00；(e) 15：00；(f) 18：00

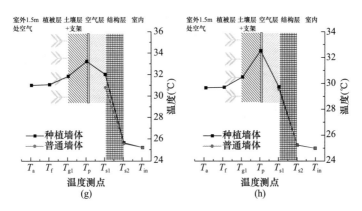

图 5-26　夏季空调工况下种植墙体与普通墙体日平均温度分布（二）

(g) 21：00；(h) 24：00

要是由于测试墙体的朝向为西向，在 15：00 太阳辐射较强的原因。此外，由于封闭空气层的出现使得白天种植墙体结构层外表面温度更低，与普通墙体外表面的温差为 21.8℃。夜间由于室外长波辐射的综合作用，普通墙体外表面温度比种植墙体结构层外表面温度更低（最大温差为 1.5℃）。分析夏季种植墙体全天温度变化可知，白天种植墙体阻碍了室外热量进入室内，起到了隔热作用。夜间由于其较强的蓄热性，对室内起到了保温的作用。由于隔热作用远大于保温作用，减少了进入室内的净热量。

4. 冬季种植墙体与普通墙体的温度分布

如图 5-27 所示，冬季种植墙体的植被层温度与种植屋面的植被层温度随时间的变化规律相似，但种植墙体的基质层表面温度与种植屋面的基质层表面温度呈现相反的变化趋势。原因在于种植墙体在冬季依然保持较好的植被覆盖率，在植被的遮挡作用下，白天种植墙体基质层表面温度略低于室外空气温度，而在夜间则略高于室外空气温度。由于室内外温差较大，下午西向普通墙体受到太阳辐射较弱，其外表面温度在 15：00 比种植墙体高 8.6℃。在其他时刻，种植墙体由于植被层以及空气层的保温作用，其结构层外表面温度比对应的普通墙体外表面温度更高（最大约 7.1℃）。综合分析冬季空调工况下种植墙体和普通墙体的温度变化可知，种植墙体表现出较好的保温性能。

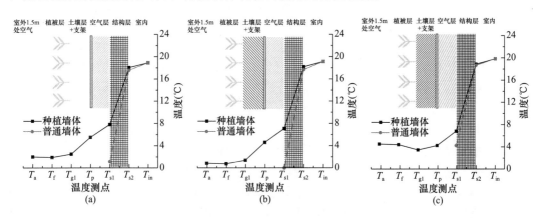

图 5-27　冬季空调工况下种植墙体与普通墙体日平均温度分布（一）

(a) 3：00；(b) 6：00；(c) 9：00

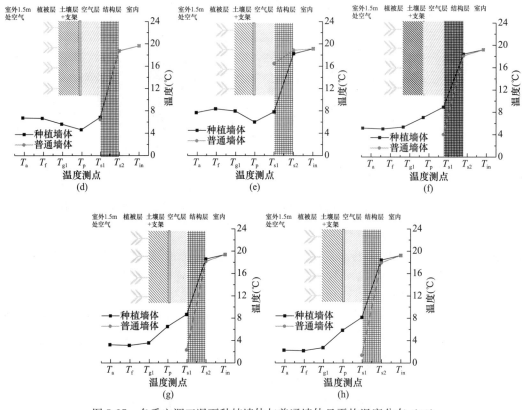

图 5-27 冬季空调工况下种植墙体与普通墙体日平均温度分布（二）

(d) 12：00；(e) 15：00；(f) 18：00；(g) 21：00；(h) 24：00

## 5.4 本章小结

本章搭建了实尺寸的建筑立体绿化热性能测试平台，测试了上海地区种植屋面和种植墙体在不同室内外条件下的温度分布以及热流密度。根据实测结果发现：（1）相对普通建筑围护结构，建筑立体绿化在不同季节对附近局部微环境均具有一定的冷却效果，其中白天太阳辐射强烈时的降温效果最为显著，夜间的降温效果则不明显。（2）建筑立体绿化具有白天隔热、夜间保温的特性，减弱了结构层外表面的温度波动幅度。相对于普通建筑围护结构，建筑立体绿化对室内热环境的综合影响取决于隔热和保温作用的相对强弱。夏季隔热作用强于保温作用，对室内环境具有冷却效果；冬季隔热和保温作用存在不确定性，除了与自身热物性有关之外，还取决于室内外热环境的差异。（3）过渡季种植屋面的温度随时间变化与夏季自然工况下相似，主要差异在于温度波动的幅度不同，原因是室外气象条件以及植被的生长状态不同。（4）观察建筑立体绿化的温度分布可以发现，夏季与冬季植被冠层平均温度与室外空气温度相差较小，最大不超过 2℃。白天植被冠层平均温度比室外空气温度略高，夜间则略低。在植被覆盖良好时，基质表面的温度白天比室外空气温度略低，夜间则略高。而在冬季植物枯萎时，基质表面温度白天比室外空气温度高，夜间则较低。两类围护结构的结构层外表面温差综合反映了建筑立体绿化的保温隔热效果，而温差的变化取决于立体绿化的热物理特性以及室内外的热环境状况。

# 第6章 基于模型的建筑立体绿化热性能分析

为了进一步探讨建筑立体绿化热过程的机理及其各组成部分热湿物性参数对整体热性能的影响，本章将基于第4章提出的热湿耦合迁移模型进行分析。

## 6.1 建筑立体绿化热湿耦合迁移模型的验证

为了验证本书第4章提出的建筑立体绿化热湿耦合迁移模型，本节将对第5章中介绍的空调状态下的种植屋面和种植墙体的热过程进行模拟，并将模拟结果与实测数据进行比较。模拟所需要的基本数据如表6-1和表6-2所示。其中植被结构参数由收割法测试获得，植被光学特性以及最小气孔阻力参考 D. J. Sailor 等人的取值[1]，基质层反射率和发射率参考 P. C. Tabares-Velasco 等人的测试值[2]。普通屋面和墙体由彩钢夹芯板构成，其反射率和发射率来自厂家数据。

种植屋面热湿耦合迁移模型输入数据　　　　　　　　　　　　表 6-1

| 参数 | 值 | 参数 | 值 |
| --- | --- | --- | --- |
| 叶面积指数 LAI | 5.5（夏季）；0.4（冬季） | 基质反射率 | 0.2 |
| 植被高度（cm） | 15（夏季）；2（冬季） | 基质发射率 | 0.95 |
| 叶片反射率 | 0.32 | 基质层厚度（cm） | 4 |
| 叶片发射率 | 0.9 | 普通屋面反射率 | 0.2 |
| 最小气孔阻力（s/m） | 175 | 普通屋面发射率 | 0.9 |

注：基质层热湿物性参数见本书第3章轻质营养土的测试结果，结构层热物性参数见本书第5章表5-1。种植屋面在测试期间保持自然状态，没有进行人工灌溉。

种植墙体热湿耦合迁移模型输入数据　　　　　　　　　　　　表 6-2

| 参数 | 值 | 参数 | 值 |
| --- | --- | --- | --- |
| 叶面积指数 LAI | 4（夏季）；3.6（冬季） | 基质反射率 | 0.2 |
| 植被高度（cm） | 15（夏季）；2（冬季） | 基质发射率 | 0.95 |
| 叶片反射率 | 0.25 | 基质层厚度（cm） | 6 |
| 叶片发射率 | 0.95 | 普通屋面反射率 | 0.2 |
| 最小气孔阻力（s/m） | 120 | 普通屋面发射率 | 0.9 |

注：基质层热湿物性参数见本书第3章轻质营养土测试结果，结构层参数见本书第5章表5-1。种植墙体在夏季测试期间每天夜间灌溉一次，而冬季测试期间每隔两天在夜间灌溉一次，每次灌溉时间足够长使基质层达到饱和。

对于建筑立体绿化，植被冠层平均温度、基质表面温度以及基质层体积含湿率是植被冠层和基质层热质平衡方程的计算结果，将上述三个参数的模拟结果和测试结果进行比较以检验模型的准确性。除此以外，本章还比较了两种建筑围护结构结构层外表面温度和热流的模拟结果和测试结果，如图6-1～图6-4所示。由图可知，模拟结果与实测结果在数值大小以及随时间的变化趋势上基本吻合。中午太阳辐射较强时模型的预测值与实测值之间的误差较大，这除了与模型自身的误差有关以外，还与午间热电偶受到太阳照射引起的测试误差有关。采用纳什—苏特克里弗模型系数（$NSEC$[3]）以及均方根误差（$RMSE$）对模型进行评价。$NSEC$ 的定义如式（6-1）所示，该指标反映了模型的效率，取值范围为 0～1，$NSEC$ 越接近 1 表示预测值与模拟值相关性越高，模型的预测效率也越高。$RMSE$ 的定义如式（6-2）所示，该指标反映了模型的误差，$RMSE$ 越小表示模型的准确性越高。验证期间模型的 $NSEC$ 和 $RMSE$ 计算结果如表 6-3 和表 6-4 所示。

$$NSEC = 1 - \frac{\sum\limits_{i=1}^{n}(Y_i - \hat{Y}_1)^2}{\sum\limits_{i=1}^{n}(Y_i - \overline{Y}_1)^2} \tag{6-1}$$

$$RMSE = \sqrt{\frac{1}{n}\sum\limits_{i=1}^{n}(Y_i - \hat{Y}_1)^2} \tag{6-2}$$

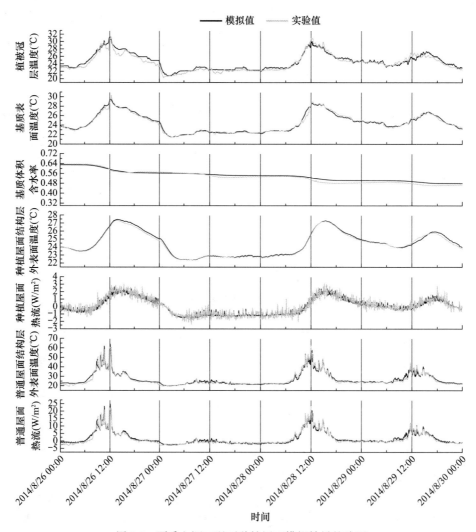

图 6-1　夏季空调工况下种植屋面模拟结果的验证

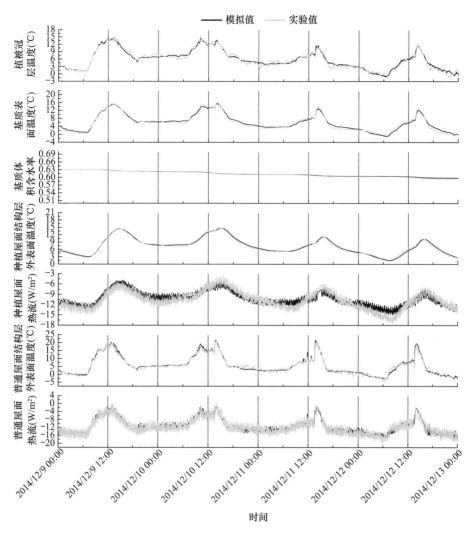

图 6-2 冬季空调工况下种植屋面模拟结果的验证

式中 $Y_i$，$\overline{Y}_1$——分别为实测值和实测的平均值；

$\quad\quad \hat{Y}_1$——模拟值；

$\quad\quad n$——测试的样本数量。

种植屋面与普通屋面模拟结果评价 表 6-3

| 评价参数 | 夏季 | | 冬季 | |
|---|---|---|---|---|
| | RMSE | NSEC | RMSE | NSEC |
| 植被冠层温度（℃） | 0.65 | 0.91 | 0.71 | 0.96 |
| 基质表面温度（℃） | 0.26 | 0.98 | 0.69 | 0.97 |
| 基质含湿量（%） | 1.32 | 0.90 | 0.13 | 0.98 |
| 种植屋面结构层外表面温度（℃） | 0.14 | 0.99 | 0.41 | 0.98 |
| 种植屋面热流（W/m²） | 0.32 | 0.91 | 0.88 | 0.84 |
| 普通屋面结构层外表面温度（℃） | 1.44 | 0.95 | 0.97 | 0.97 |
| 普通屋面热流（W/m²） | 0.95 | 0.95 | 0.94 | 0.94 |

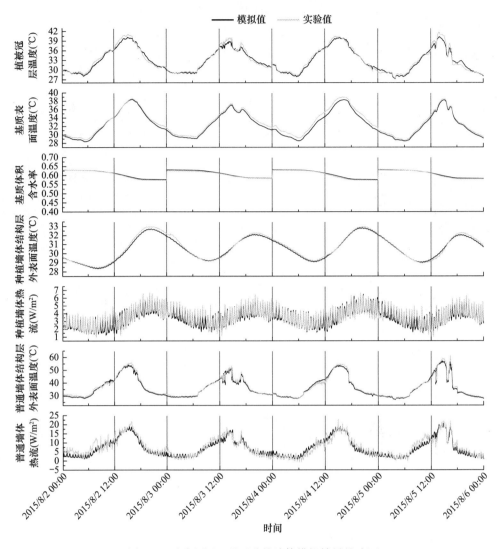

图 6-3　夏季空调工况下种植墙体模拟结果的验证

种植墙体和普通墙体模拟结果的评价　　　　　　　　　　　表 6-4

| 评价参数 | 夏季 | | 冬季 | |
|---|---|---|---|---|
| | *RMSE* | *NSEC* | *RMSE* | *NSEC* |
| 植被冠层温度（℃） | 0.60 | 0.97 | 0.25 | 0.99 |
| 基质表面温度（℃） | 0.54 | 0.96 | 0.48 | 0.97 |
| 基质含湿量（%） | 0.30 | 0.97 | 0.07 | 0.95 |
| 种植墙体结构层外表面温度（℃） | 0.16 | 0.98 | 0.32 | 0.95 |
| 种植墙体热流（W/m²） | 0.32 | 0.92 | 0.38 | 0.89 |
| 普通墙体结构层外表面温度（℃） | 1.01 | 0.98 | 1.08 | 0.95 |
| 普通墙体热流（W/m²） | 1.78 | 0.87 | 1.30 | 0.83 |

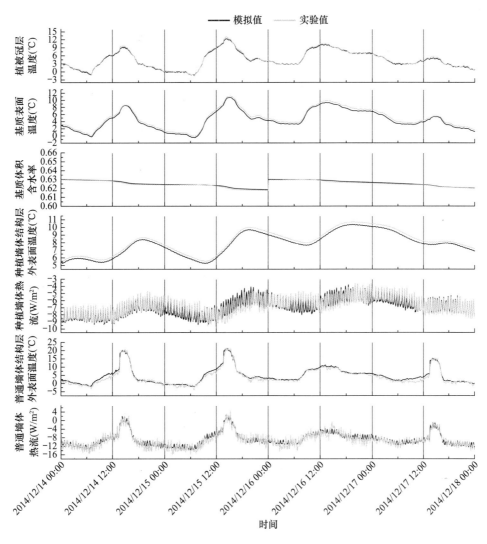

图 6-4　冬季空调工况下种植墙体模拟结果的验证

## 6.2　建筑立体绿化植被层和基质层的能量平衡分析

为了分析建筑立体绿化的能量流动规律，本节基于第 4 章提出的热湿耦合迁移模型对植被层和基质层分别进行了能量平衡计算，如图 6-5 和图 6-6 所示。由图可知，夏季，种植屋面和种植墙体被繁茂的植被覆盖，起到遮阳作用，大部分太阳辐射被植被层截留，只有小部分太阳辐射到达基质层表面。潜热是植被层和基质层白天散热的主要途径，夜间由于没有太阳辐射，潜热散热降低到非常低的水平。对于植被层，白天在太阳辐射作用下其平均温度高于室外空气温度，除潜热外，植被层的对流和长波辐射过程也起到散热的作用。对于基质层，由于植被遮阳和蒸发作用，其表面温度略低于植被层平均温度和室外空气温度，对流和长波辐射在白天均向基质层传递热量。夜间由于基质层的蓄热以及天空长波辐射作用，对流和长波辐射逐渐降低至从基质表层向外部环境散热。相较于植被层，基

89

质层的热容大得多，因此其蓄热量的变化幅度较大。冬季，种植屋面植被层大部分枯萎，而种植墙体植被层依然具有较多的叶片覆盖，种植屋面基质层获得的太阳辐射高于种植墙体的基质层。较低的植被覆盖率使得种植屋面基质层表面与天空之间的长波辐射角系数增大，种植屋面基质层全天均通过长波辐射起到冷却散热作用。由于冬季太阳辐射以及室外气温显著低于夏季太阳辐射以及室外气温，建筑立体绿化的潜热散热量大幅降低，对流和长波辐射散热所占比例有所提高。相较于种植墙体基质层，种植屋面基质层接收的净辐射量更大，其温度的变化更大，蓄热量的变化也更大。

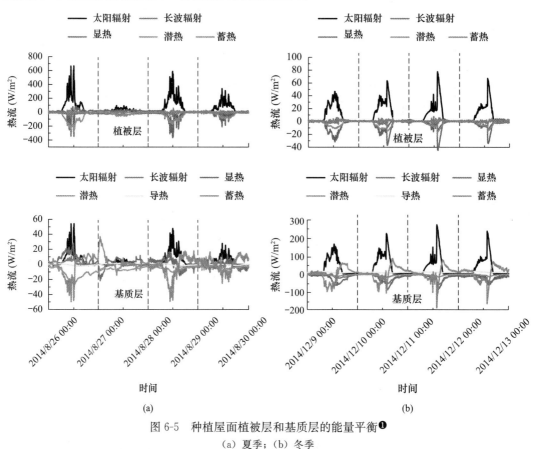

图 6-5    种植屋面植被层和基质层的能量平衡❶
(a) 夏季；(b) 冬季

## 6.3    植被层与基质层对建筑立体绿化热性能的影响

植被层和基质层是建筑立体绿化的重要组成部分，为了进一步探讨植被层和基质层相关参数对建筑立体绿化热性能的影响，本节以种植屋面为例进行了单因素敏感性分析，给出不同参数条件下结构层外表面温度的变化趋势。

### 6.3.1    植被层对种植屋面热性能的影响

植被层叶面积指数是描述植被叶片疏密程度的指标，从图 6-7 可以看出，随着叶面

---

❶    彩图见本书附录 2。

积指数提高，植被层各项能流的平均值不断增大，而基质层各项能流平均值不断减小。即植被层越密集，基质层受到外部环境扰动的影响越小。从表 6-5 也可以看出，夏季和冬季结构层外表面温度平均值随叶面积指数的增大而减小，而且夏季随着叶面积指数增大，结构层外表面平均温度的下降速率变慢。当叶面积指数增大到一定数值后，基质表面接收到的太阳辐射接近于 0，此时若继续增大叶面积指数对植被层的遮阳作用几乎没有影响。

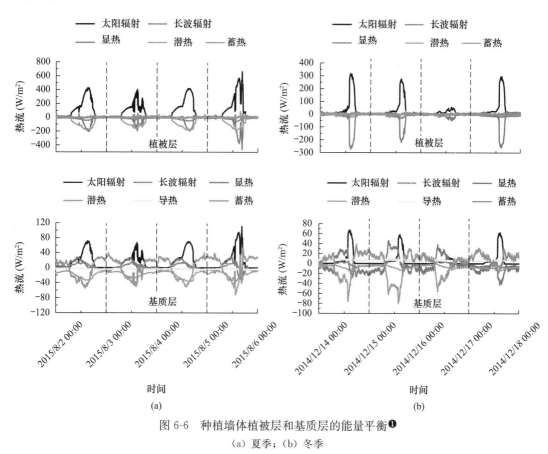

图 6-6　种植墙体植被层和基质层的能量平衡❶

（a）夏季；（b）冬季

从表 6-5 中可以看到，当植被较高时（超过 10cm），植被高度对结构层外表面温度的影响较小；植被较低（小于 10cm）时，随着植被高度的增加，冬季结构层外表面平均温度呈上升趋势，但上升速度越来越小。这是由于植被高度对植被冠层湍流传递阻力的影响是非线性的，植被高度增加有助于增大冠层内的湍流阻力，但当植被高度超过一定值后，其对湍流传递的影响逐渐减弱。植被的反射率和发射率对种植屋面热性能的影响均非常小，原因在于植被层主要是通过长波辐射作用影响到基质层表面温度，而且蒸腾作用使得植被层的平均温度变化较小，因而结构层外表面平均温度的变化较小。最小气孔阻力反映了在理想条件下（水分充足、植被不发生枯萎）水分子进出植被气孔的难易程

---

❶　彩图见本书附录 2。

度。气孔阻力越小，蒸腾作用越强。由于植被的蒸腾作用除了受到气孔阻力的影响之外，还受到边界层阻力和冠层上方湍流扩散阻力的影响，同时植被冠层温度对气孔阻力也有较大影响（温度越高，气孔阻力越小），使得最小气孔阻力对种植屋面整体热性能的影响有限。

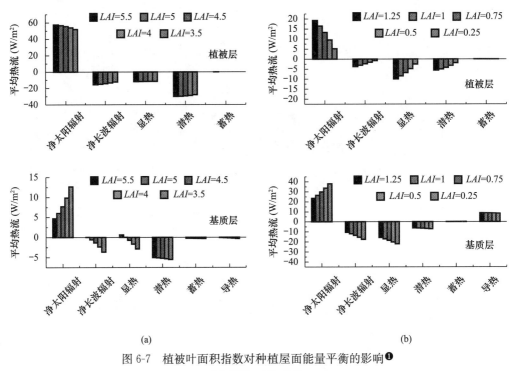

(a)                (b)

图 6-7　植被叶面积指数对种植屋面能量平衡的影响❶

(a) 夏季；(b) 冬季

种植屋面植被层参数对种植屋面热性能的影响　　　　　　　　　表 6-5

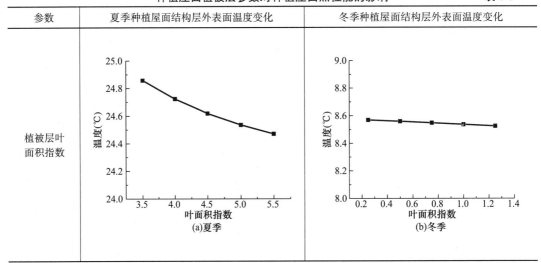

| 参数 | 夏季种植屋面结构层外表面温度变化 | 冬季种植屋面结构层外表面温度变化 |
|---|---|---|
| 植被层叶面积指数 | (a)夏季 | (b)冬季 |

❶　彩图见本书附录 2。

续表

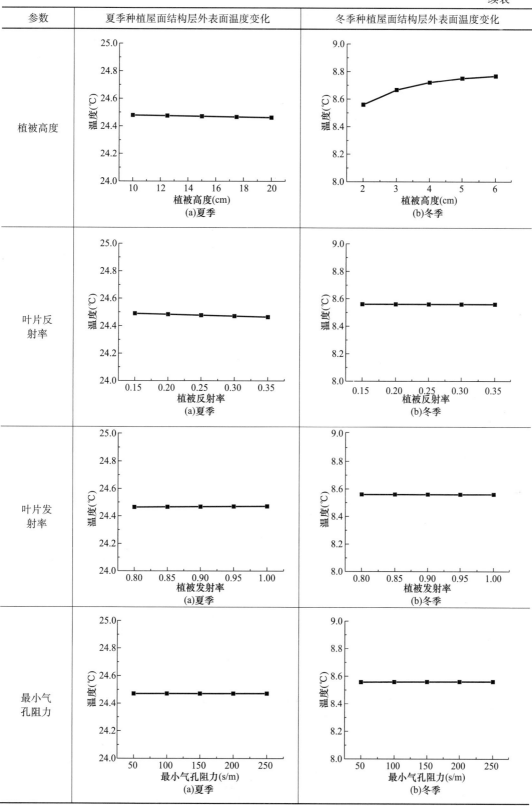

| 参数 | 夏季种植屋面结构层外表面温度变化 | 冬季种植屋面结构层外表面温度变化 |
|---|---|---|
| 植被高度 | (a)夏季 | (b)冬季 |
| 叶片反射率 | (a)夏季 | (b)冬季 |
| 叶片发射率 | (a)夏季 | (b)冬季 |
| 最小气孔阻力 | (a)夏季 | (b)冬季 |

## 6.3.2　基质层对种植屋面热性能的影响

如表 6-6 所示，基质层平均导热系数的减小有利于提高建筑立体绿化夏季和冬季整体的保温隔热性能，其中夏季的影响较小，而冬季的影响较大。实验发现，夏季室内外温差较小（约为 0.3℃），冬季则超过 10℃，因此增大基质层的导热热阻对夏季结构层外表面温度的影响不如冬季显著。由于植被层的遮阳作用，基质层表面夏季获得太阳辐射以及与天空长波辐射的角系数都非常小，所以夏季结构层外表面平均温度对基质表层反射率和发射率不敏感。相反地，冬季由于植被枯萎，基质层得到大量太阳辐射以及天空长波辐射，因而基质表层反射率和发射率的影响增大。基质层的厚度是设计种植屋面的一个重要指标。由表 6-6 可知，增大基质层厚度有利于种植屋面的保温隔热，不仅与基质层的热阻增大有关，还与基质层的含水量增大以及蓄热性能增强有关。从表 6-6 中还可以看出，随着基质层厚度增大，其对种植屋面整体热性能的影响逐渐下降。夏季较大的基质含湿量虽然减少了基质层的热阻，但同时有助于增强蒸腾和蒸发散热量，总体上降低了基质表层的平均温度和结构层外表面温度，有利于提高种植屋面的隔热能力。冬季潜热散热量小，增大基质含湿量减少了基质层的热阻，进而降低了结构层外表面平均温度，不利于种植屋面的保温能力。增大基质层的水分渗透系数提高了基质表层的平均含湿量，有助于提高种植屋面的蒸腾蒸发量，但是对屋面整体热性能的影响较小。

种植屋面基质层参数对种植屋面热性能的影响　　　　　　　表 6-6

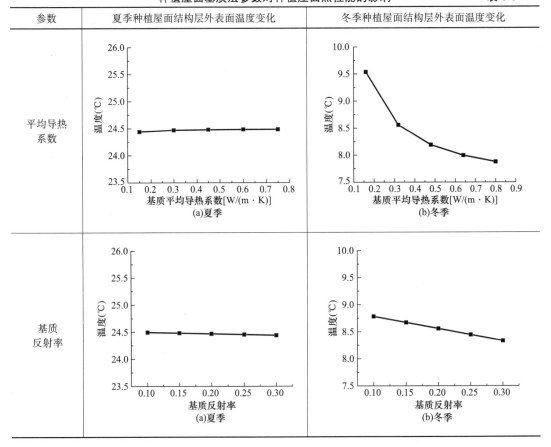

续表

| 参数 | 夏季种植屋面结构层外表面温度变化 | 冬季种植屋面结构层外表面温度变化 |
|---|---|---|

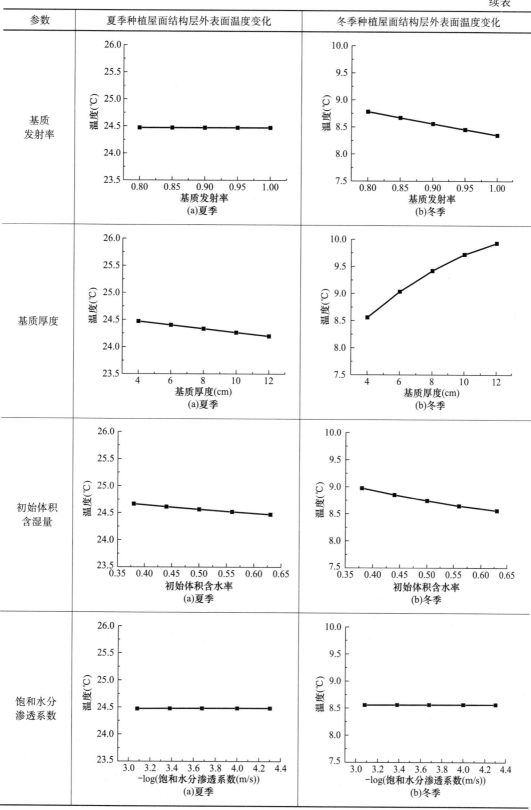

# 6.4 气象因子对种植屋面热性能影响的单因素分析

气象数据作为边界条件影响建筑立体绿化传热过程的能量流动以及温度分布。本节以6.2节种植屋面的热性能模拟为基础，通过调整室外气象数据，模拟了不同气象情景下种植屋面的能量收支以及结构层外表面温度，分析了太阳辐射、室外空气温度、室外空气相对湿度以及室外风速对种植屋面热性能的影响，模拟结果如表6-7所示。

不同气象因子对种植屋面热性能的影响❶　　　　　　　表6-7

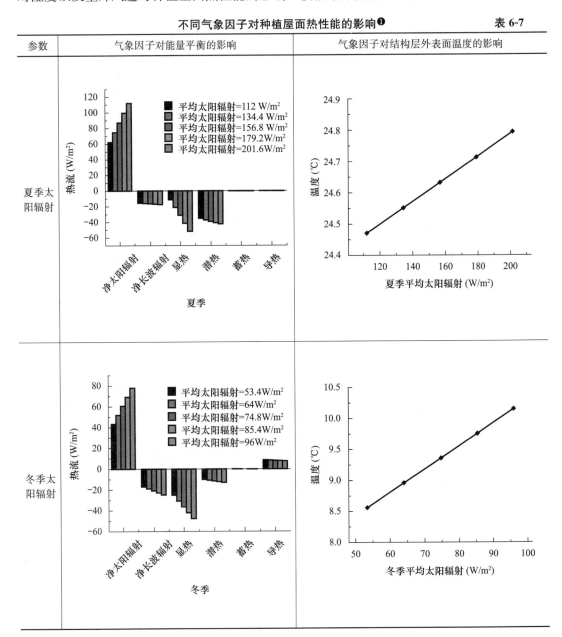

续表

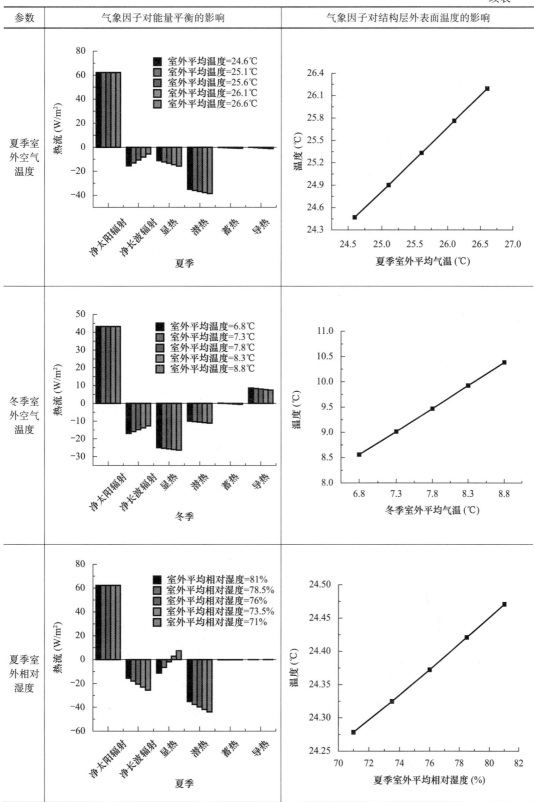

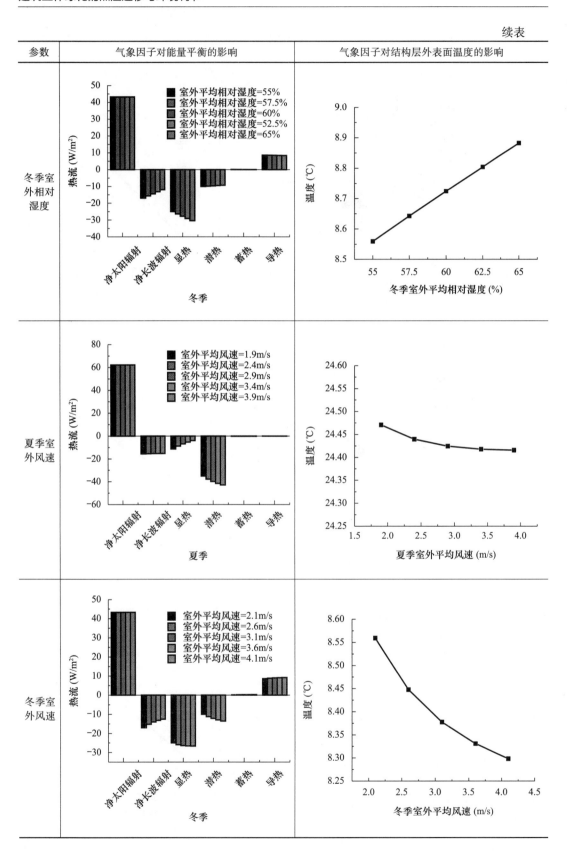

从表 6-7 可以看出，增大太阳辐射导致种植屋面其他各项能量流动都有不同程度地增大，其中对流项的增长最为显著。种植屋面结构层外表面平均温度随太阳辐射的增大不断上升，由于冬季植被覆盖率较低，种植屋面结构层外表面温度的上升速度比夏季更快。在室外空气相对湿度保持不变的情况下，室外空气温度升高则室外空气的水蒸气分压力增大，将减小种植屋面与天空之间的长波辐射换热量［式（4-3）］，同时室外温度升高增大了种植屋面的潜热散热量以及对流散热量。比较夏季和冬季的模拟结果发现，不同季节室外空气温度对结构层外表面温度的影响差别并不显著。在室外空气温度保持不变的条件下，室外空气相对湿度增加会提高室外空气的水蒸气分压力❶，因而减小了种植屋面与天空之间的长波辐射换热量。较高的室外水蒸气分压力减小了种植屋面与室外空气之间的水蒸气分压差，因此降低了种植屋面的蒸散量以及植被层与基质层的潜热散热量［式（4-20）和式（4-24）］。根据能量收支平衡，此时种植屋面的对流散热量随之上升，致使植被层和基质表层的平均温度不断升高。受到基质表层温度上升的影响，种植屋面结构层外表面平均温度也随之升高。提高室外平均风速有利于减小湍流扩散阻力，增大种植屋面的潜热散热量，降低植被层和基质表层平均温度，使得长波辐射散热量减小。由表 6-7 可知，夏季种植屋面的潜热散热量随室外平均风速增长较快，长波辐射量下降较慢，对流散热量也呈现下降趋势。在冬季，由于太阳辐射减弱以及室外空气温度较低，提高风速对种植屋面潜热散热的影响比夏季弱。与此同时，随着室外平均风速增大，种植屋面的长波辐射量下降较快，对流散热量略有上升。基质表层平均温度降低导致结构层外表面平均温度下降，并且随着风速的提高，结构层外表面温度的下降速度逐渐降低。

## 6.5　本章小结

本章对建筑立体绿化热湿耦合迁移模型进行了验证，结果表明该模型能较好地预测建筑立体绿化的温度场、基质层体积含湿率以及热流随时间的变化。以种植屋面为例，基于能量平衡分析了植被层和基质层在不同季节各项能量流动的规律。对植被层和基质层各项参数的热性能影响进行了敏感性分析，并讨论了不同因素的作用机制。结果显示，植被层的叶面积指数、植被高度，基质层的反射率、发射率、厚度、导热系数、平均体积含湿量对种植屋面的热性能具有显著影响。最后以种植屋面为例，分析了太阳辐射、室外空气温度、空气相对湿度和风速对种植屋面能量平衡以及结构层外表面温度的影响。

**本章参考文献**

［1］　Sailor D J. A green roof model for building energy simulation programs ［J］. Energy and buildings，2008，40（8）：1466-1478.

［2］　Tabares-Velasco P C. Predictive heat and mass transfer model of plant-based roofing materials for assessment of energy savings. ［D］. The Pennsylvania State University，2009.

［3］　Scarpa M，Mazzali U，Peron F. Modeling the energy performance of living walls：Validation against field measurements in temperate climate ［J］. Energy and Buildings，2014，79：155-163.

---

❶　水蒸气分压力等于空气相对湿度与空气温度对应的饱和水蒸气分压力的乘积。

# 第7章 建筑立体绿化热性能的评价

为了评价建筑立体绿化的热性能，学者提出了各类不同的指标，如图7-1所示。第一类评价指标包括围护结构温度、通过围护结构的热流或者其他基于温度或者热流的指标。通过这类指标可以直接比较建筑立体绿化与普通围护结构保温隔热性能的差别，但是其应用范围非常狭窄，一般只用于某一个特定建筑立体绿化的热性能评价。S. Hodo-Abald等人[1]根据能量平衡进一步提出了太阳得热因子 $SHF$（Solar Heat Gain Factor），定义为通过种植屋面进入室内的热流占总太阳入射辐射量的比值。$SHF$ 的值越小，说明种植屋面的隔热效果越佳。O. Scheweitzer等人[2]提出将通过种植屋面进入室内的显热减少量与所消耗的潜热量的比值定义为降温效率，并通过实验测得四种种植屋面的降温效率，分别为3.6%，5.5%，3.2%和2.8%。唐鸣放等人[3]提出种植屋面的传热临界温度指标，定义为一段时间内通过种植屋面进入室内的平均热流等于0时的室内温度平均值。唐鸣放等人通过对屋面内表面热流与室内外温差的相关性分析指出，种植屋面的传热临界温度低于室外平均温度约 1.5℃。

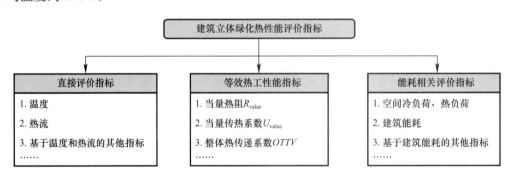

图7-1 建筑立体绿化的热性能评价指标

第二类指标用于评价建筑立体绿化当量热性能，比如当量热阻、当量传热系数等[4]，其中当量热阻的使用较为广泛。当量热阻是指在一个气候周期内，附加了保温层的普通建筑围护结构如果与安装了立体绿化的建筑围护结构的内表面平均温度相等，则附加保温层的普通建筑围护结构热阻即为该绿色建筑围护结构的当量热阻。现有建筑节能设计规范中给出了建筑立体绿化的当量热阻，例如《夏热冬暖地区居住建筑节能设计标准》JGJ 75—2012规定屋面种植层的当量热阻附加值为 $0.9m^2 \cdot K/W$，《民用建筑热工设计规范》GB 50176—2016规定夏季种植屋面植被层的附加当量热阻范围为 $0.3\sim0.5m^2 \cdot K/W$。表7-1总结了不同国家或地区的学者通过实验得到的当量热阻值，这些实测值大多数是在室外非稳态条件下一段时间的测试结果，也有是在室内风洞准稳态条件下测试的结果。由于不同地区建筑立体绿化的构造以及热湿特性存在差异，造成所测得的当量热阻值各不相同。杨真静等人[5]进一步指出，室内空气温度对建筑立体绿化的热性能有显著影响。夏季室内自然条件下，立体绿化的蒸发冷却作用可能造成反向热流，即热流从室内流向室外。而此时普通建筑围护结构由于外表面温度高于室内温度，其热流依然从室外流向室内。在此状态下，则不能用当量热阻评价建筑立体绿化的热性能。

第三类指标用于评价立体绿化对空调负荷或者建筑能耗的影响程度。除了空调负荷和能耗的直接比较之外，还有学者建立了相同稳态热阻时的能耗评价指标，例如 2013 年 S. S. Moody 等人[6]提出了 DBGR（Dynamic Benefit of Green Roof）指标，该指标用于比较种植屋面与普通屋面（普通屋面具有和种植屋面相同的稳态热阻）的能耗差异。DBGR 值越大，说明种植屋面系统比普通屋面具有更好的热性能。

建筑立体绿化的当量热阻　　　　　表 7-1

| 研究者 | 地区 | 类型 | 当量热阻（m²·K/W） |
|---|---|---|---|
| Wong Nyuk Hien[7] | 新加坡 | 花园式 | 0.36～1.61 |
| 唐鸣放[8] | 中国重庆 | 草坪式 | 0.56 |
| 孟庆林[9] | 中国广州（风洞实验） | 草坪式 | 0.41～0.63 |
| 郑澍奎[10] | 中国上海 | 草坪式 | 2.41 |
| Olivieri[11] | 意大利安科纳市 | 草坪式 | 2.59 |
| Dominique Morau[4] | 法属留尼旺岛 | 草坪式 | 0.19～0.47 |
| Bell and Spolek[12] | 风洞实验 | 草坪式 | 0.377 |
| Irina Susorova[13] | 美国芝加哥市 | 爬藤类种植墙体 | 0.71 |

根据前文分析可知，建筑立体绿化的热工性能受到多种因素的综合影响。在不同因素组合下，建筑立体绿化的热性能指标也会随之发生变化。尽管上述评价指标有助于理解建筑立体绿化相对普通建筑围护结构保温隔热性能的优势，但是大多将其等价为普通建筑围护结构，没有将建筑立体绿化的蒸腾、蒸发、遮阳等热过程与普通建筑围护结构的热过程区分开，也没有考虑其随室内外环境的变化情况。本章将利用建筑立体绿化热湿耦合迁移模型分析种植屋面和种植墙体在夏季和冬季典型天气条件下的热性能，并计算不同因素组合条件下建筑立体绿化热性能评价指标（当量热阻）的变化规律。通过比较种植屋面、保温屋面以及高反射率屋面在夏季和冬季的热性能，从"保温"和"调温"视角阐述建筑立体绿化的作用机理，并提出相应的评价指标。

# 7.1　建筑立体绿化当量热阻的计算

根据当量热阻的定义[8]，建筑立体绿化的当量热阻计算公式如下：

$$R = \frac{\overline{T}_{si} - \overline{T}_{se}}{\overline{q}} \tag{7-1}$$

如图 7-2 所示，由于当量热阻将建筑立体绿化的保温隔热效果等效为相同气候条件下的普通围护结构，因此 $\overline{T}_{si}$ 应为普通围护结构的外表面温度（℃）。$\overline{T}_{se}$ 和 $\overline{q}$ 分别为建筑立体绿化内表面平均温度（℃）和通过建筑立体绿化内表面的平均热流（W/m²）。

为了评价典型气象条件下建筑立体绿化的热性能，本章选择上海地区夏季和冬季典型气象日的逐时气象参数（图 7-3）进行计算。为了避免出现热流为负的情况，选择室内为空调条件下（夏季为 25℃，冬季为 18℃）计算建筑立体绿化的当量热阻。以公共建筑为研究对象（以面积小于300m²的乙类公共建筑为例），根据《公共建筑节能设计规范》GB 50189—2015中对夏热冬冷地区建筑围护结构热工性能限值的规定，选用技术手册中符合要求的普通外墙和屋面，其热工性能参数如表7-2所示。

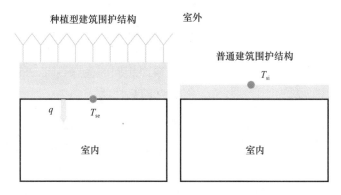

图7-2 建筑立体绿化当量热阻示意图

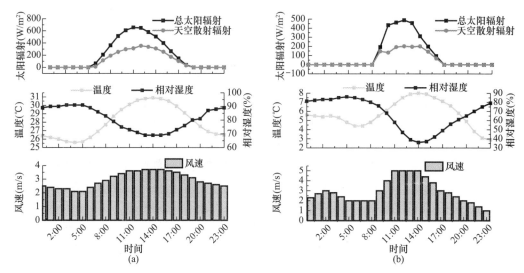

图7-3 上海地区夏季和冬季典型气象日参数

（a）夏季；（b）冬季

**建筑立体绿化结构层热工参数**　　　　　　　　　　表7-2

| 参数 | 屋面 | 墙体 |
|---|---|---|
| 传热系数［W/(m²·K)］ | 0.7 | 0.9 |
| 热容量［kJ/(m²·K)］ | 318 | 478 |

　　根据本书第6章建筑立体绿化热湿迁移模型关于植被层和基质层的输入参数，可以计算得到上海地区夏季和冬季典型气象日❶条件下建筑立体绿化和普通建筑围护结构❷的结构层内外表面温度以及通过内表面的热流，如表7-3所示。

----

❶ 在典型气象年中所选取的代表季节气候特征的一日。以典型气象年最热月（或最冷月）中的温度、日较差、湿度、太阳辐射照度的日平均值与该月平均值最接近的一日，称为夏季（或冬季）典型气象日。

❷ 普通建筑围护结构的传热过程见本书附录1。

**典型气象日建筑立体绿化与普通建筑围护结构的比较　　　　表 7-3**

<table>
<tr><th>参数</th><th>夏季</th><th>冬季</th></tr>
<tr><td>种植屋面</td><td>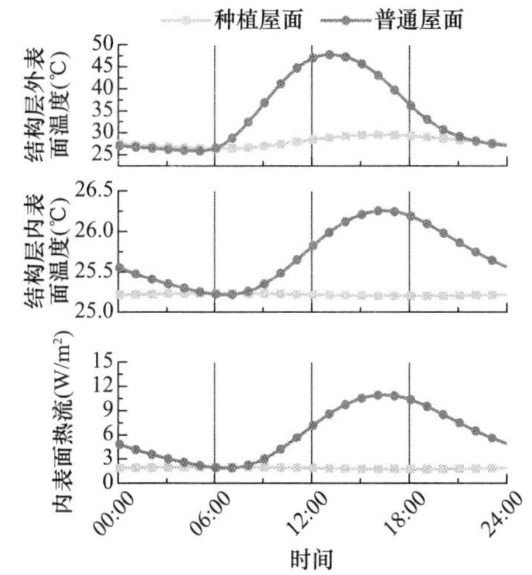
</td><td>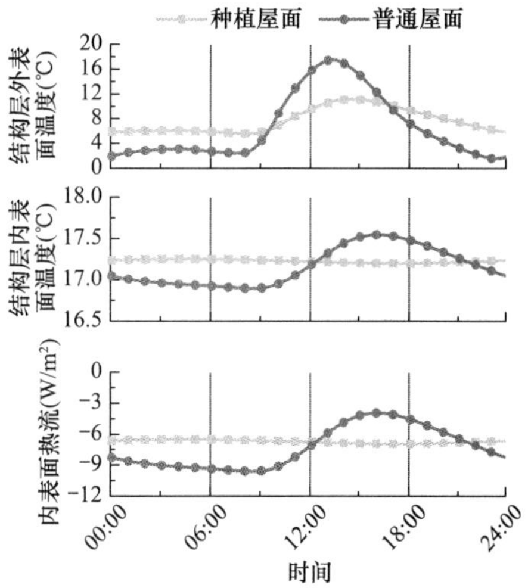
</td></tr>
<tr><td>西向种植墙体</td><td>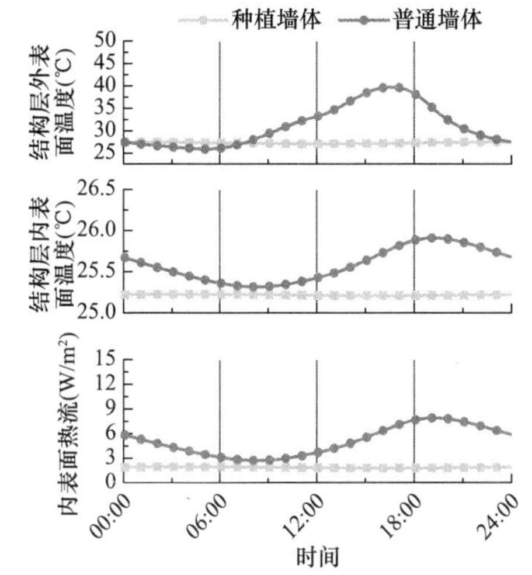
</td><td>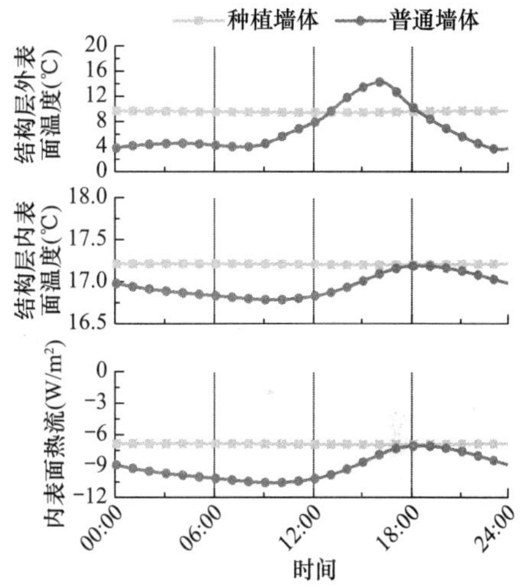
</td></tr>
<tr><td>东向种植墙体</td><td>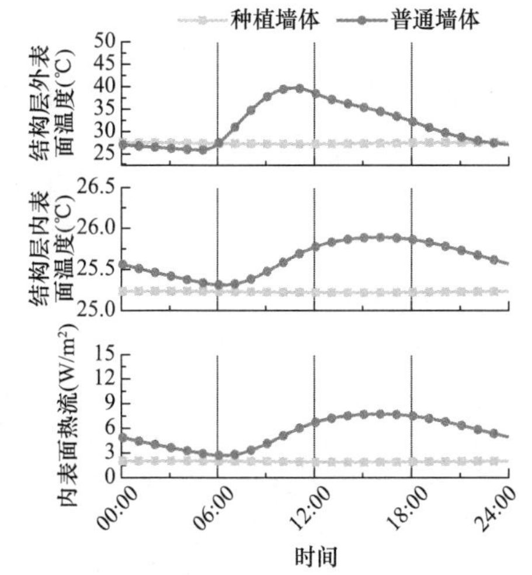
</td><td>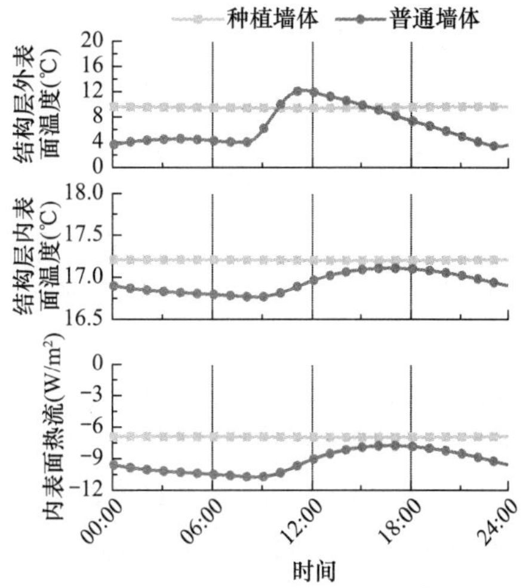
</td></tr>
</table>

| 参数 | 夏季 | 冬季 |
| --- | --- | --- |
| 南向种植墙体 | | |
| 北向种植墙体 | | |

　　根据表 7-3 计算得到普通建筑围护结构外表面平均温度以及建筑立体绿化内表面平均温度和平均热流，如表 7-4 和表 7-5 所示，从而计算得到对应建筑立体绿化以及对应普通建筑围护结构的当量热阻。根据当量热阻的定义，通过屋面的热流越大，当量热阻越小。由表 7-4、表 7-5 可知，不同季节普通建筑围护结构的当量热阻计算值近似等于其实际热阻，而建筑立体绿化冬季的当量热阻计算结果却显著低于夏季的当量热阻。这是由于夏季室内平均温度比室外低，热量从室外流向室内，植被的遮阳作用极大削弱了围护结构的太阳辐射得热量，因此显著降低了通过建筑立体绿化进入室内的热流。冬季室内的平均温度比室外高，热量从室内流向室外，虽然建筑立体绿化的基质层具有保温作用，但是植被的遮阳作用却不利于太阳辐射的热量通过围护结构进入室内。此外，从表 7-4、表 7-5 中还可以发现，在不同朝向的建筑立体绿化中，夏季种植屋面的当量热阻最大，北向种植墙体当量热阻最小。冬季北向种植墙体的当量热阻最大，南向种植墙体的当量热阻最小。

夏季典型气象日建筑立体绿化和普通建筑围护结构热性能比较　　表 7-4

| 屋面或墙体类型 | 结构层外表面平均温度（℃） | 结构层内表面平均温度（℃） | 热流（W/m²） | 当量热阻（m²·K/W） |
|---|---|---|---|---|
| 种植屋面 | 27.88 | 25.21 | 1.87 | 4.87 |
| 普通屋面 | 34.31 | 25.69 | 6.03 | 1.43 |
| 西向种植墙体 | 27.31 | 25.22 | 1.88 | 3.18 |
| 西向普通墙体 | 31.20 | 25.58 | 5.06 | 1.11 |
| 东向种植墙体 | 27.42 | 25.23 | 1.98 | 3.26 |
| 东向普通墙体 | 31.69 | 25.63 | 5.46 | 1.11 |
| 南向种植墙体 | 27.22 | 25.21 | 1.81 | 2.98 |
| 南向普通墙体 | 30.61 | 25.52 | 4.57 | 1.11 |
| 北向种植墙体 | 27.06 | 25.19 | 1.68 | 2.62 |
| 北向普通墙体 | 29.59 | 25.43 | 3.75 | 1.11 |

冬季典型气象日建筑立体绿化和普通建筑围护结构热性能比较　　表 7-5

| 屋面或墙体类型 | 结构层外表面平均温度（℃） | 结构层内表面平均温度（℃） | 热流（W/m²） | 当量热阻（m²·K/W） |
|---|---|---|---|---|
| 种植屋面 | 7.66 | 17.23 | −6.70 | 1.57 |
| 普通屋面 | 6.73 | 17.16 | −7.3 | 1.43 |
| 西向种植墙体 | 9.57 | 17.21 | −6.88 | 1.50 |
| 西向普通墙体 | 6.86 | 16.96 | −9.09 | 1.11 |
| 东向种植墙体 | 9.52 | 17.20 | −6.92 | 1.53 |
| 东向普通墙体 | 6.63 | 16.93 | −9.27 | 1.11 |
| 南向种植墙体 | 10.02 | 17.25 | −6.52 | 1.16 |
| 南向普通墙体 | 9.69 | 17.22 | −6.78 | 1.11 |
| 北向种植墙体 | 9.36 | 17.19 | −7.05 | 1.63 |
| 北向普通墙体 | 5.70 | 16.85 | −10.03 | 1.11 |

# 7.2　建筑立体绿化当量热阻的影响因素分析

从本书第 5 章可知，不同条件下建筑立体绿化的热性能存在显著差异。因此本节以种植屋面为例，在 7.1 节典型气象日数值模拟的基础上进行建筑立体绿化相关参数的敏感性测试，分析不同参数对当量热阻的影响。

植被叶面积指数和高度对当量热阻的影响如表 7-6 所示。夏季增大植被叶面积指数有利于降低进入室内的热流，种植屋面的当量热阻增大；冬季增大叶面积指数使得种植屋面结构层外表面温度下降，从室内流向室外的热流增大，当量热阻呈现下降的趋势。如本书第 6 章所述，植被冠层的湍流扩散阻力随植被高度的增加而增大，采用冠层较高的植被有利于提高种植屋面的当量热阻，因而提高了种植屋面的保温隔热性能。

**植被层对种植屋面当量热阻的影响** 表 7-6

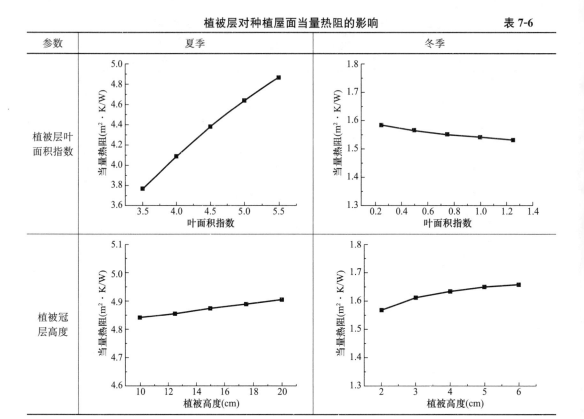

基质层对种植屋面当量热阻的影响如表 7-7 所示。提高基质表面反射率有利于夏季隔热但是不利于冬季的保温。提高基质表面发射率会增大基质表面与植被层以及天空之间的长波辐射换热量，造成夏季基质表面温度提高，冬季基质表面温度下降，因此均增大了通过种植屋面的热流。由于夏季植被覆盖率大于冬季植被覆盖率，冬季基质表面发射率对当量热阻的影响大于夏季。如本书第 6 章所述，减小基质的导热系数或者提高基质厚度均能减小夏季和冬季进入室内的平均热流，提高了种植屋面的保温隔热性能。在基质层体积含湿率方面，提高基质层体积含湿率有利于增大种植屋面的蒸腾作用，同时降低基质层的热阻，夏季有利于提高当量热阻，冬季则减小了当量热阻。

**基质层对种植屋面当量热阻的影响** 表 7-7

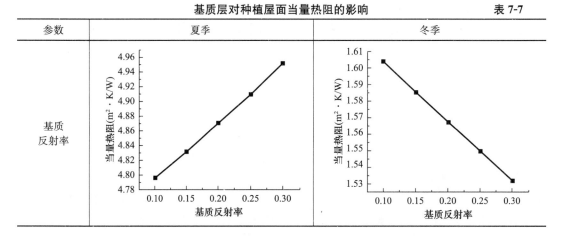

续表

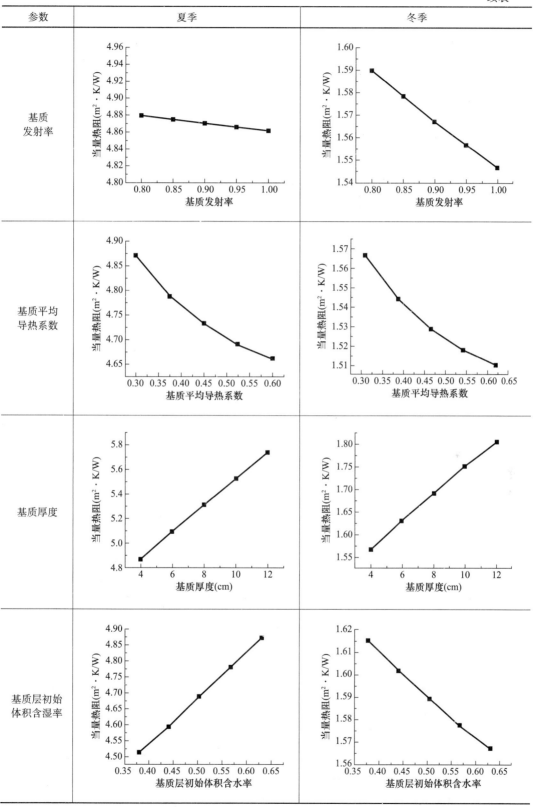

　　结构层导热系数、反射率、发射率以及室内温度对种植屋面当量热阻的影响如表 7-8 所示。夏季和冬季提高结构层导热系数均会增大通过种植屋面的热流，使得当量热阻不断下降。随着导热系数的增大，当量热阻的下降速率减小。增大结构层反射率和发射率均会减小普通屋面结构层外表面平均温度，夏季降低与种植屋面内表面的温差，冬季则增加与种植屋面的温差，导致种植屋面的当量热阻在夏季减小、在冬季增大。由于夏季种植屋面结构层外表面温度较低，随着室内温度上升，通过种植屋面的热流减小，种植屋面的当量热阻也随之增大。在冬季，由于室内外温差较大，增大室内温度反而增加了通过种植屋面的热流，种植屋面的当量热阻呈减小趋势。

结构层和室内温度对种植屋面当量热阻的影响　　　　　　　　　　表 7-8

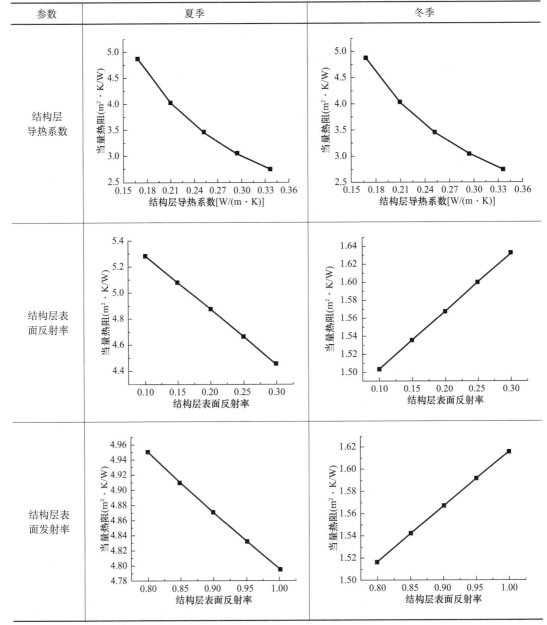

续表

| 参数 | 夏季 | 冬季 |
|------|------|------|
| 室内温度 | 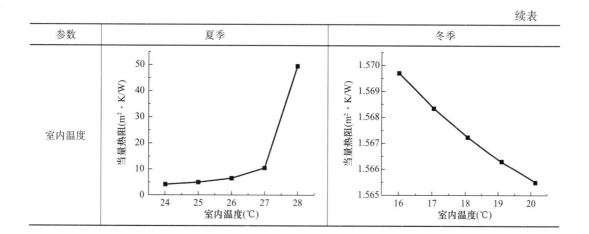 | |

## 7.3　建筑立体绿化与两种常见建筑围护结构热性能的比较

保温屋面和高反射率屋面是建筑节能改造的常用技术，本节将比较上海地区种植屋面与保温屋面、高反射屋面在夏季和冬季的热性能。

### 7.3.1　种植屋面与保温屋面热性能的比较

由表 7-4 和表 7-5 可知，夏季室内温度为 25℃时，种植屋面的当量热阻为 4.87m² · K/W，即传热系为 0.205W/(m² · K)。冬季室内温度为 18℃时，种植屋面当量热阻为 1.57m² · K/W，即传热系数为 0.637W/(m² · K)。若普通保温屋面具有与种植屋面相同的当量热阻或传热系数，则定义为当量保温屋面。本节比较了种植屋面与若干传热系数不同的保温屋面（包括种植屋面的当量保温屋面）在夏季和冬季的热性能。如表 7-9 所示，随着保温屋面传热系数减小，屋面热流随之下降。在设定温度下通过当量保温屋面的平均热流与种植屋面相同，但热流波动幅度大于种植屋面，而且波峰出现的时间也早于种植屋面。

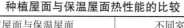

种植屋面与保温屋面热性能的比较　　　　　　　　　　表 7-9

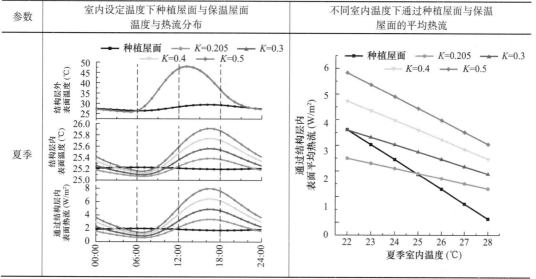

续表

| 参数 | 室内设定温度下种植屋面与保温屋面<br>温度与热流分布 | 不同室内温度下通过种植屋面与保温<br>屋面的平均热流 |
|---|---|---|
| 冬季 | 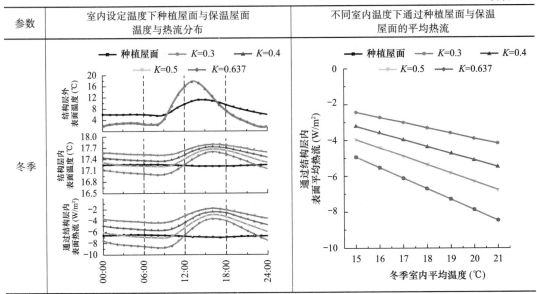 | |

从表 7-9 还可以看出，不同室内温度下，种植屋面内表面的热流与普通屋面内表面的热流有较大不同。对于普通保温屋面，传热系数越小，相同室温下通过屋面的热流越小，且屋面热流随室内温度变化的斜率也越小。夏季当室内温度为 25℃ 时，种植屋面热流等于当量保温屋面热流。室温大于 25℃ 时，种植屋面热流小于当量保温屋面热流。室温小于 25℃ 时，种植屋面热流大于当量保温屋面热流。主要原因在于，当室内温度上升时，种植屋面的当量热阻增大，其热流随室内温度的变化率大于当量保温屋面。冬季由于种植屋面当量热阻随室内温度变化不显著，因而其热流随室内温度的变化率与当量保温屋面近似相等。当通过屋面的热流为 0 时，夏季种植屋面对应的室内温度（即 $X$ 轴截距）显著小于当量保温屋面对应的室内温度，而在冬季则几乎没有差别。这主要是由于夏季植被的遮阳以及基质层表面的蒸发作用使得基质层表面平均温度显著低于普通保温屋面的外表面平均温度。冬季由于植被覆盖率非常小，基质蒸腾作用也较小，导致基质层表面平均温度与普通保温屋面外表面平均温度相差较小。

## 7.3.2　种植屋面与高反射屋面热性能的比较

种植屋面通过植被层的遮阳、蒸腾以及基质层的蒸发效应减小基质层表面温度，高反射率屋面则是通过减小屋面外表面吸收的太阳辐射减小表面温度。根据美国 Energy Star 标准关于高反射率屋面的规定[14]：对于平屋顶，新建建筑反射率需大于 0.65，既有建筑反射率需大于 0.5。本节比较了种植屋面与若干不同反射率的屋面在夏季和冬季的热性能，如表 7-10 所示。随着反射率的提高，普通屋面温度和热流逐渐下降，但夏季和冬季通过普通屋面的平均热流均大于种植屋面热流，说明种植屋面的平均保温隔热性能优于高反射率屋面。当夏季植被的叶面积指数较小时，高反射率屋面的平均隔热性能则优于种植屋面，如图 7-4 所示。较小的叶面积使得基质层表面受到大量太阳辐射，造成结构层外表面平均温度高于高反射率屋面，进入室内的热流大于高反射率屋面。种植屋面的热阻和热容更大，因而温度和热流变化幅度小于高反射率屋面。

**种植屋面与高反射率屋面热性能的比较**　　　　表 7-10

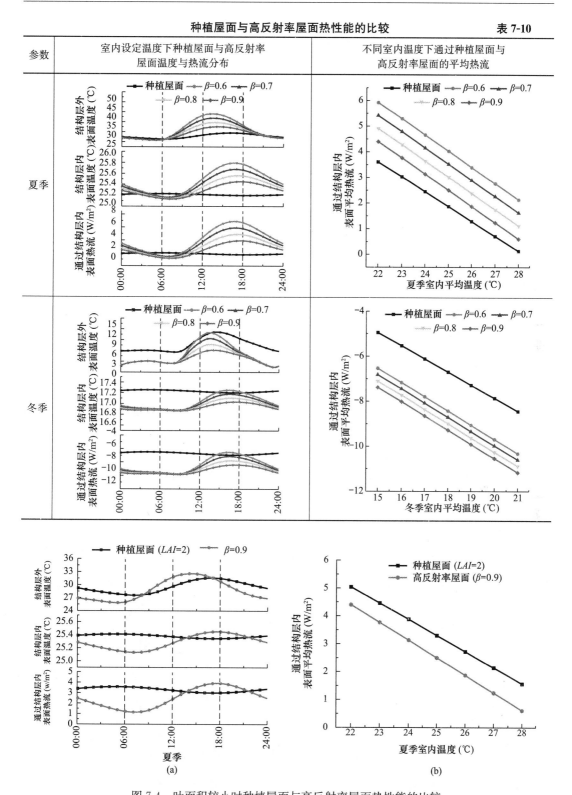

图 7-4　叶面积较小时种植屋面与高反射率屋面热性能的比较

（a）室内为 25℃时，种植屋面（*LAI*＝2）与高反射率屋面的温度、热流分布；

（b）不同室内温度下通过种植屋面（*LAI*＝2）与高反射率屋面的热流比较

## 7.4　建筑立体绿化热性能评价指标的建立与分析

建筑立体绿化热过程的特点主要体现在以下两个方面：（1）由于植被层和基质层增大了围护结构的热阻，因此提高了整体保温性能；（2）植被层的遮阳和基质层的被动蒸发冷却作用改变了基质层外表面温度，削弱了室外气象条件的影响，减少了进入室内的热量。本节提出两个指标用于评价建筑立体绿化上述两个方面的热性能特点：第一个指标为保温因子，用于反映建筑立体绿化对围护结构的保温作用；第二个指标为调温因子，用于反映建筑立体绿化的被动冷却作用。

以种植屋面为例，令一段时间内种植屋面的广义室外综合温度❶平均值为 $\overline{T}_z^{[15]}$，室内空气平均温度为 $\overline{T}_{in}$，通过屋面的平均热流为 $\overline{q}$。则种植屋面的总传热热阻如下式所示：

$$R_t = \frac{\overline{T}_z - \overline{T}_{in}}{\overline{q}} = R_{out} + R_s + R_{in} \tag{7-2}$$

式中，$R_{out}$，$R_s$ 和 $R_{in}$ 分别为外表面换热热阻、种植屋面自身热阻以及内表面换热热阻。根据《民用建筑热工设计规范》GB 50176—2016，外表面换热热阻夏季取 $0.05\text{m}^2 \cdot \text{K/W}$，冬季取 $0.04\text{m}^2 \cdot \text{K/W}$，内表面换热热阻取 $0.11\text{m}^2 \cdot \text{K/W}$。则通过屋面的平均热流可以表达如下：

$$\overline{q} = -\frac{1}{R_t}\overline{T}_{in} + \frac{1}{R_t}\overline{T}_z \tag{7-3}$$

如图 7-5 所示，屋面性能曲线的斜率反映了屋面总热阻的负倒数，$X$ 轴的截距反映了室外广义综合温度的平均值。夏季种植屋面性能曲线的斜率和 $X$ 轴截距均小于普通屋面，而且种植屋面室外广义综合温度平均值与室外平均空气温度 $\overline{T}_{out}$ 相差较小。冬季种植屋面性能曲线的斜率同样小于普通屋面，但 $X$ 轴截距稍大于普通屋面。在此基础上，为了描述建筑立体绿化所具有的保温和冷却特性，提出如下无量纲表达式定义建筑立体绿化的保温因子（$\varphi$）和调温因子（$\beta$）：

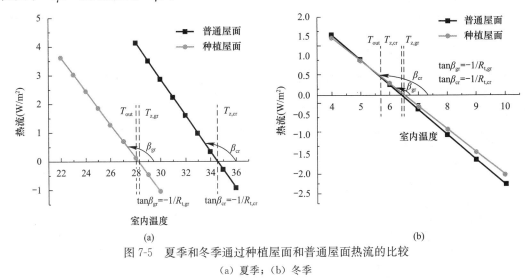

图 7-5　夏季和冬季通过种植屋面和普通屋面热流的比较

（a）夏季；（b）冬季

---

❶　室外广义综合温度全面考察了自然气候要素与其作用的建筑表面之间的热过程，除太阳辐射的吸收过程外，还考虑了表面与大气之间的长波辐射以及表面上水分的被动蒸发冷却过程。

$$\varphi = \frac{R_{t,gr} - R_{in} - R_{out}}{R_{t,cr} - R_{in} - R_{out}} \tag{7-4}$$

$$\beta = \frac{\overline{T}_{z,cr}}{\overline{T}_{z,gr}} \tag{7-5}$$

式中，$R_{t,gr}$ 和 $R_{t,cr}$ 分别表示种植屋面和普通屋面总传热热阻，此处是将种植屋面与普通屋面进行类比，因此假定种植屋面具有与普通屋面相同的外表面换热热阻。$\overline{T}_{z,cr}$ 为普通屋面室外广义综合温度，$\overline{T}_{z,gr}$ 为种植屋面的室外广义综合温度。

基于上述定义可知，种植屋面的保温因子始终大于 1，且保温因子越大，保温隔热性能越好。调温因子有小于 1、等于 1、大于 1 三种情形。当调温因子大于 1 时，种植屋面对室内具有冷却作用，且数值越大，冷却作用越大；当调温因子小于 1 时，种植屋面对室内具有保温作用，且数值越小，保温作用越好；当调温因子等于 1 时，没有调温作用。本节计算了夏季和冬季典型气象条件下种植屋面和种植墙体的保温因子和调温因子，计算结果如表 7-11 和表 7-12 所示。由表可知，对于保温因子，种植屋面和种植墙体在夏季和冬季相差较小。对于调温因子，种植屋面夏季和冬季相差较大。夏季由于植被叶面积指数大，遮阳和蒸腾作用显著，调温因子大于 1。冬季植被覆盖率下降，种植屋面的室外广义综合温度略大于普通屋面的广义综合温度平均值，调温因子小于 1。种植墙体除了北墙，其他三个朝向墙体的调温因子在夏季和冬季均大于 1，对围护结构具有冷却作用。南向种植墙体的夏季和冬季调温因子相差较大，主要原因是冬季太阳高度角小于夏季，南墙的太阳直射辐射更强。北向种植墙体在夏季具有冷却作用，在冬季则具有保温作用，主要原因是冬季北向墙面接受的太阳辐射较小，普通墙体外表面广义综合温度平均值较低。而植被层的覆盖作用降低了基质层表面的散热，因此北向种植墙体冬季的室外广义综合温度较高，具有保温作用。

种植屋面的保温因子和调温因子　　　　　　　　　表 7-11

| 季节 | $\overline{T}_{z,cr}$ (℃) | $\overline{T}_{z,gr}$ (℃) | $R_{t,gr}$ (m²·K/W) | $R_{t,cr}$ (m²·K/W) | 保温因子 | 调温因子 |
|---|---|---|---|---|---|---|
| 夏季 | 34.55 | 28.22 | 1.725 | 1.589 | 1.096 | 1.224 |
| 冬季 | 6.311 | 6.509 | 1.715 | 1.579 | 1.096 | 0.970 |

种植墙体的保温因子和调温因子　　　　　　　　　表 7-12

| 季节 | | $\overline{T}_{z,cr}$ (℃) | $\overline{T}_{z,gr}$ (℃) | $R_{t,gr}$ (m²·K/W) | $R_{t,cr}$ (m²·K/W) | 保温因子 | 调温因子 |
|---|---|---|---|---|---|---|---|
| 西墙 | 夏季 | 32.00 | 28.35 | 1.778 | 1.271 | 1.456 | 1.129 |
| | 冬季 | 6.553 | 5.737 | 1.782 | 1.261 | 1.469 | 1.142 |
| 东墙 | 夏季 | 32.61 | 28.51 | 1.779 | 1.271 | 1.457 | 1.144 |
| | 冬季 | 6.315 | 5.666 | 1.782 | 1.261 | 1.469 | 1.114 |
| 南墙 | 夏季 | 31.28 | 28.22 | 1.778 | 1.271 | 1.456 | 1.109 |
| | 冬季 | 9.457 | 6.386 | 1.782 | 1.261 | 1.469 | 1.481 |
| 北墙 | 夏季 | 30.04 | 27.99 | 1.777 | 1.271 | 1.455 | 1.073 |
| | 冬季 | 5.359 | 5.38 | 1.782 | 1.261 | 1.469 | 0.985 |

## 7.5　保温因子和调温因子的影响因素分析

保温因子和调温因子反映建筑立体绿化对围护结构热性能的调节作用，本节对上述两个指标的相关参数进行了敏感性分析。如表 7-13 所示，基质层导热系数、基质层含湿率、基质厚度以及结构层传热系数对保温因子具有显著影响。提高结构层以及基质层的热阻，有助于增强建筑立体绿化的保温性能。调温因子受到植被层叶面积指数、植被高度、基质层和结构层的反射率、发射率以及基质层含湿率的影响。通过增加植被叶面积指数以及基质含湿率等方法增大调温因子，有助于提升建筑立体绿化的遮阳和蒸腾蒸发作用，减小建筑立体绿化的室外广义综合温度。通过上述保温因子和调温因子，可以计算得到建筑立体绿化的性能曲线，以及通过建筑立体绿化的平均热流。

保温因子和调温因子的影响因素　　　　表 7-13

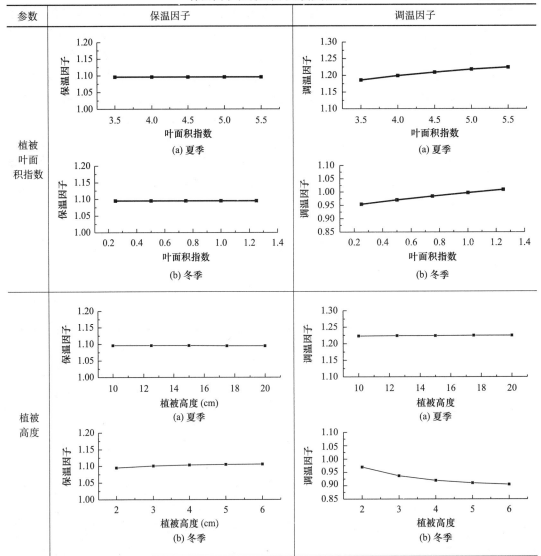

续表

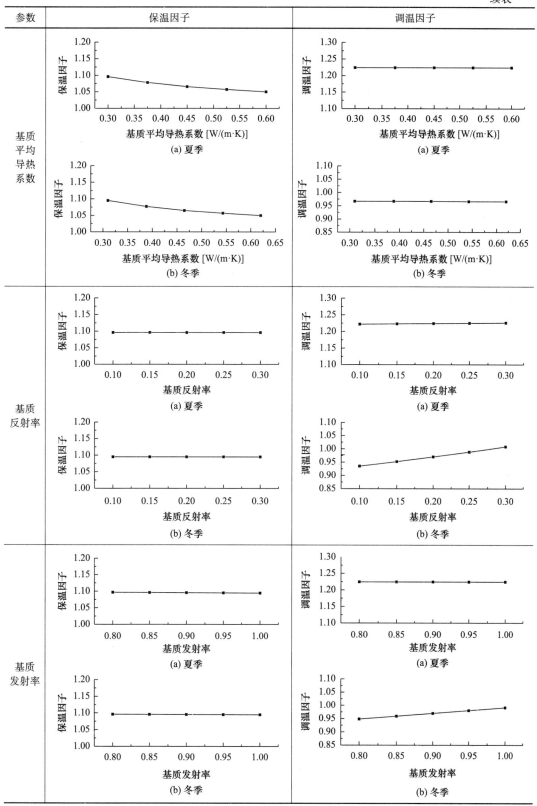

续表

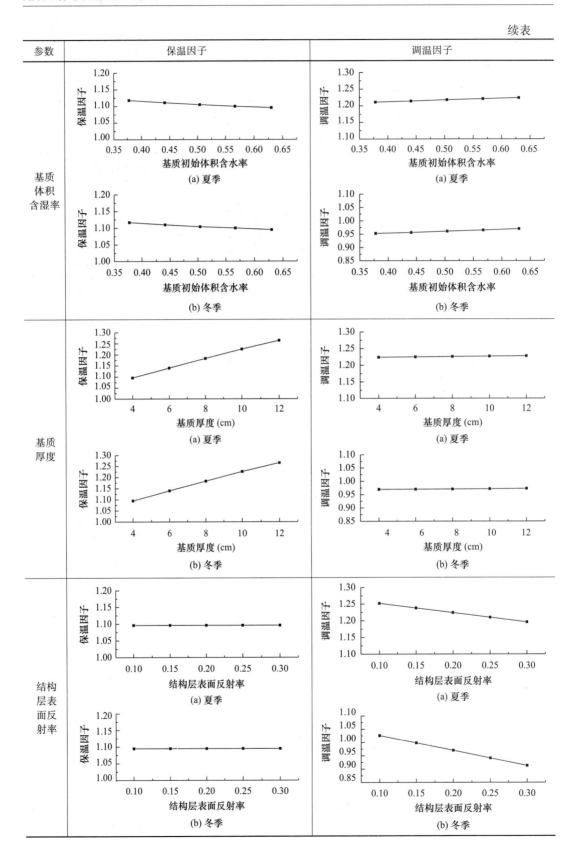

| 参数 | 保温因子 | 调温因子 |
|---|---|---|
| 结构层表面发射率 | | |
| 结构层传热系数 | | |

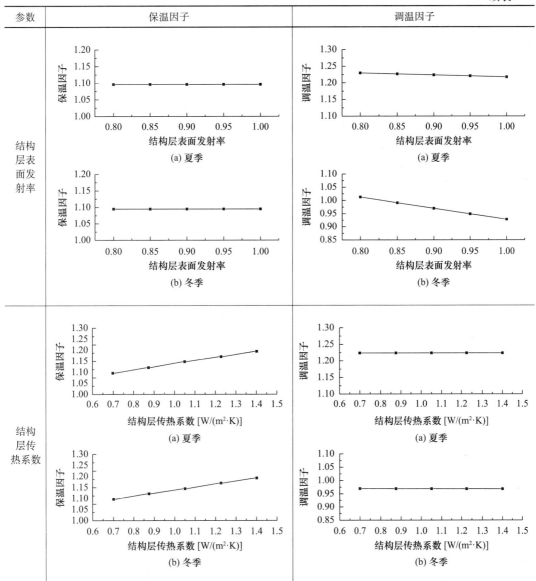

## 7.6　本章小结

本章计算了上海地区夏季和冬季典型气象条件下种植屋面和不同朝向种植墙体的当量热阻，分析了不同因素在不同季节条件下对种植屋面当量热阻的影响，比较了种植屋面与保温屋面以及高反射率屋面热性能的区别。结果表明，种植屋面与当量保温屋面的平均热工性能曲线在夏季有较大区别，冬季的差别非常小；当覆盖茂盛植被时，种植屋面的夏季隔热性能优于高反射率屋面。本章提出保温因子和调温因子两个指标，可用于评价建筑立体绿化的保温和冷却效果。通过计算表明，在不同季节建筑立体绿化的保温因子变化较小，调温因子差异较大。根据敏感性分析，识别出保温因子和调温因子的显著性影响因素，其中保温因子的显著性影响因素包括基质层导热系数、基质厚度、基质体积含湿率以及结构层传热系数，调温因子的显著性影响因素包括叶面积指数、植被高度、基质层表面反射率、发射率以及体积含湿率、结构层的反射率和发射率。

## 本章参考文献

［1］ Hodo-Abalo S，Banna M，Zeghmati B. Performance analysis of a planted roof as a passive cooling technique in hot-humid tropics ［J］. Renewable Energy，2012，39（1）：140-148.

［2］ Schweitzer O，Erell E. Evaluation of the energy performance and irrigation requirements of extensive green roofs in a water-scarce Mediterranean climate ［J］. Energy and Buildings，2014，68：25-32.

［3］ 唐鸣放，杨真静，郑澍奎. 屋顶绿化传热临界温度 ［J］. 土木建筑与环境工程，2013（2）：100-104.

［4］ Morau D，Libelle T，Garde F. Performance evaluation of green roof for thermal protection of buildings in Reunion Island ［J］. Energy Procedia，2012，14：1008-1016.

［5］ 杨真静，熊珂，唐鸣放. 室内气温对绿化屋顶当量热阻的影响 ［J］. 土木建筑与环境工程，2015，37（2）：109-114.

［6］ Moody S S，Sailor D J. Development and application of a building energy performance metric for green roof systems ［J］. Energy and buildings，2013，60：262-269.

［7］ Wong N H，Chen Y，Ong C L，et al. Investigation of thermal benefits of rooftop garden in the tropical environment ［J］. Building and environment，2003，38（2）：261-270.

［8］ 唐鸣放，杨真静，郑开丽. 屋顶绿化隔热等效热阻 ［J］. 重庆大学学报：自然科学版，2007，30（5）：1-3.

［9］ 孟庆林，张玉，张磊. 热气候风洞内测定种植屋面当量热阻 ［J］. 暖通空调，2006，36（10）：111-113.

［10］ 郑澍奎，唐鸣放，杨真静. 轻型绿化屋顶的热特性研究 ［C］//全国建筑物理学术会议，2008.

［11］ Olivieri F，Di Perna C，D'Orazio M，et al. Experimental measurements and numerical model for the summer performance assessment of extensive green roofs in a Mediterranean coastal climate ［J］. Energy and Buildings，2013，63：1-14.

［12］ Bell H，Spolek G. Measured energy performance of green roofs ［C］//The greening rooftops for sustainable communities conference，2009.

［13］ Susorova I，Angulo M，Bahrami P，et al. A model of vegetated exterior facades for evaluation of wall thermal performance ［J］. Building and Environment，2013，67：1-13.

［14］ 解铭刚. 高反射涂料屋面热性能及对区域反射率的影响研究——以重庆地区为例 ［D］. 重庆：重庆大学，2013.

［15］ 孟庆林，胡文斌，张磊. 建筑蒸发降温基础 ［M］. 北京：科学出版社，2006.

# 第8章 建筑立体绿化对城市局地冠层微气候的影响

随着经济的发展、城市化进程的不断加速，城市中的建筑密度越来越高，地价越来越昂贵，用于绿化的地表空间也变得日益紧张。在此背景下，将绿化与建筑围护结构相结合形成的建筑立体绿化成为一种流行的趋势，甚至作为生态补偿的手段被纳入相关规范[1]。在高密度城市建成区域，研究建筑立体绿化对城市冠层微气候的影响也因此显得十分必要。建筑立体绿化不仅对室内环境起到调节作用，而且改变了建筑表面的能量平衡。通过蒸发蒸腾形式将大量太阳辐射能量转化为水蒸气释放到周围环境中，对室外微环境起到一定的冷却作用，有利于缓解城市热岛效应。目前关于建筑立体绿化对室内外热环境的影响研究中，只有少数学者考虑了城市环境与建筑立体绿化之间的相互作用。Benjarmin 等人[2]发现，在法国南特市，对于街区内保温较差、窗墙比较小的建筑，种植墙体可以减少约 7% 的能耗。Rabah Djedjig 等人[3]通过模拟研究了不同街区高宽比条件下种植墙体对建筑制冷能耗的影响，结果显示当街区高宽比等于 1 时，东西朝向的种植墙体可以为建筑节省 37% 的制冷能耗，当街区高宽比等于 0，即建筑之间的距离远大于建筑高度时，东西朝向的种植墙体可以为建筑节省制冷能耗 33%。基于城市冠层模型 PUCM 和气候预测模型 WRF 的耦合，Dan Li 等人[4]模拟发现如果种植屋面的面积接近 90%，则靠近地面 2m 处的热岛强度能够减少 0.5℃。Yasunobu 等人[5]基于计算流体力学方法的模拟结果显示屋顶绿化可以减少街区内部空气温度 0.4~1.3℃，减少建筑制冷能耗 3%~25%。

为了更准确预测城市冠层空间建筑立体绿化的热性能，本章考虑建筑立体绿化对室内外热环境的双向调节作用，具体如下：

（1）建筑立体绿化改变了围护结构表面温度和太阳辐射的反射率，因此改变了建筑表面的长波辐射和太阳辐射分布。

（2）建筑立体绿化改变了室外空气温度和湿度，从而对空调系统的新风负荷产生影响。

（3）建筑立体绿化对建筑的保温隔热作用减小了进入室内的热量，因此减小了建筑的空调负荷。

由于现场的随机性（比如下垫面条件、天气要素）以及测试条件的限制，难以用实测评价比较城市的热环境及其改善措施。随着计算机技术的发展，各种数值计算工具被陆续开发出来用以定量分析预测城市热环境。现有城市热环境的数值预测工具主要分为两类，即能量平衡模型（又称之为城市冠层模型）和计算流体力学模型[6]。对于能量平衡模型，所有的表面和控制体都被简化为一个个相互连接的节点，通过求解上述节点的能量和质量守恒方程组，就可以得到城市冠层内的温度和相对湿度等参数的分布。根据城市冠层垂直结构的表征方式，现有城市冠层模型可以分为单层模型和多层模型[7]。单层模型将城市冠层和建筑物墙体简化为一个节点，多层模型考虑了城市冠层在垂直方向上的差异，采用多个节点表示每个表面和控制体。考虑到城市冠层内建筑几何分布和热物性参数的复杂性，城市冠层模型通常将实际建筑表示为相同高度的立方体矩阵[8]。此外，城市冠层内速度场的计算也采用简化方式，比如采用经验风速廓线或者一维湍流扩散方程。由于计算成本的限制，计算流体力学模拟通常在中尺度和微尺度下进行。对于中尺度计算流体力学模拟，城市冠层被简化为具有平均粗糙度、反射率以及热湿特性的平板。该简化方法应用较多，但是难以对城市冠层热环境进行准确预测。微尺度计算流体力学模拟考虑了复杂的建筑几何特性以及建筑表面与周围环境的相互作用，但是对于城市上方边界层的处理较为简单（一般采用指数或者对数风速廓线）。

为了避免计算周期过长，有学者提出将城市冠层模型与建筑热环境预测模型进行耦合计算的方法。该方法考虑了不同室内状况、建筑物表面特性、城市冠层几何因素以及人为排热对室外热环境的影响[9~11]，可以对室外热环境进行较长时间的预测。本章采用基于热平衡原理和大气边界层理论的一维城市冠层模型 AUSSSM，并将本书第 4 章开发的建筑立体绿化热湿耦合迁移模型与之进行耦合计算。耦合模型考虑了建筑立体绿化与室内外热环境之间的相互作用，结合上海地区典型气象日数据，分析了城市局地冠层条件下建筑立体绿化与普通建筑围护结构的热性能和能量平衡，以及建筑立体绿化对城市冠层热环境的冷却效果。

# 8.1 一维城市冠层热环境预测模型（AUSSSM）简介

一维城市冠层模型 AUSSSM（Architecture-Urban-Soil-Simultaneous Simulation Model）由日本九州大学的 Jun Tanimoto 开发，后由 Aya Hagishima 等人[12]补充完善。该模型以城市近地边界层为研究对象，用于预测城市局地冠层空间垂直方向的温度、风速、绝对湿度的分布以及评价城市的区域能量流动。考虑到实际建筑群冠层空间结构的复杂

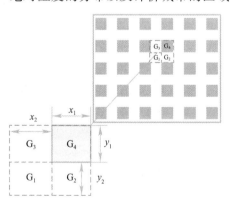

图 8-1　建筑群简化示意图

性，该模型将实际不规则的建筑群简化为高度相同、尺寸也相同的建筑矩阵，如图 8-1 所示。模型主要由以下四个部分构成：（1）城市冠层子模型；（2）建筑子模型；（3）下垫面子模型；（4）冠层辐射子模型，如图 8-2 所示。模型中所有建筑和下垫面的表面以及计算单元均采用集总参数法简化为单个节点并相互连接在一起形成类似于电路的热传递模型。在外部气象参数的驱动下，通过联立求解上述节点的动量、能量和质量平衡方程组，就可以得到城市冠层空间的风速、温度和绝对湿度的垂直分布。

AUSSSM 模型的准确性已通过不同场景得到验证。朱岳梅等人[13,14]通过对 AUSSSM 模型添加热舒适子模型，预测了上海地区室外热环境的 $SET^*$ 分布。Taotao Shui 等人[15]通过对雪盖的传热建模并耦合到 AUSSSM 模型中，成功预测了寒冷地区下垫面被雪覆盖条件下的城市局地冠层热环境。

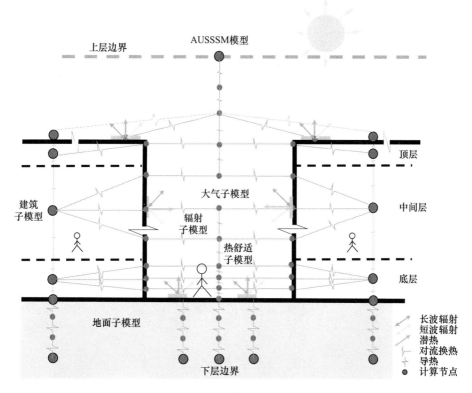

图 8-2　AUSSSM 模型示意图

## 8.1.1　城市冠层子模型

城市冠层子模型用于计算大气空间内的一维动量、能量和质量传递过程，其守恒方程如下所示，通过联立求解即可得到冠层内空间的风速、温度和绝对湿度分布。

$$\frac{\partial U(z,t)}{\partial t} = \frac{\partial}{\partial z}\Big(K_{\mathrm{m}} \cdot m \frac{\partial u}{\partial z}\Big) - \frac{1}{2}C_{\mathrm{fi}}aU|U| \tag{8-1}$$

$$m\frac{\partial T(z,t)}{\partial t} = \frac{\partial}{\partial z}\Big(K_{\mathrm{h}} \cdot m \frac{\partial T}{\partial z}\Big) + HS \tag{8-2}$$

$$m\frac{\partial q}{\partial t} = \frac{\partial}{\partial z}\Big(K_{\mathrm{v}} \cdot m \frac{\partial q}{\partial z}\Big) + MS \tag{8-3}$$

式中　$U$，$T$ 和 $q$——分别表示室外风速（m/s）、温度（℃）和绝对湿度（g/kg）；

　　　　$m$——室外气流体积密度；

　　　　$a$——室外单位气流体积对应的建筑立面面积，$\mathrm{m}^{-1}$；

　　$HS$ 和 $MS$——分别表示热源（W）和湿源（g/s）；

　$K_{\mathrm{m}}$，$K_{\mathrm{h}}$ 和 $K_{\mathrm{v}}$——分别是动量、能量和质量的湍流扩散系数；

　　　　$C_{\mathrm{fi}}$——建筑拖曳系数❶。

---

❶　拖曳系数是一个无量纲量，用于量化物体在流体环境中的阻力，此处用于计算城市冠层空间建筑对空气流动的阻力。

$$m = \begin{cases} 1 - \left( \dfrac{x_1 \cdot y_1}{(x_1 + x_2) \cdot (y_1 + y_2)} \right), & z \leqslant H_{\text{canopy}} \\ 1, & z > H_{\text{canopy}} \end{cases} \tag{8-4}$$

$$a = \begin{cases} \dfrac{x_1 \sin\alpha + x_2 \cos a}{(x_1 + x_2) \cdot (y_1 + y_2) - x_1 \cdot x_2}, & z \leqslant H_{\text{canopy}} \\ 0, & z > H_{\text{canopy}} \end{cases} \tag{8-5}$$

式中　$x_1$、$x_2$ 和 $y_1$、$y_2$——分别为建筑和小区道路的尺寸，如图 8-1 所示；

　　　　$a$——风向与建筑物间的夹角。

当 $R_f < R_{fc}$ 时，有：

$$K_{\text{m}} = l^2 \left| \frac{\partial u}{\partial z} \right| \frac{S_{\text{M}}^{\frac{3}{2}}}{\sqrt{C}} (1 - R_f)^{1/2} \tag{8-6}$$

$$K_{\text{h}} = K_{\text{v}} = l^2 \left| \frac{\partial u}{\partial z} \right| \frac{S_{\text{M}}^{\frac{3}{2}}}{\sqrt{C}} S_{\text{H}} (1 - R_f)^{1/2} \tag{8-7}$$

当 $R_f \geqslant R_{fc}$ 时，有：

$$K_{\text{m}} = K_{\text{h}} = K_{\text{v}} = l^2 \left| \frac{\partial u}{\partial z} \right| \tag{8-8}$$

其中，

$$S_{\text{M}} = \frac{0.48 [(0.29 - R_f) \cdot (0.45 - R_f)]}{(0.33 - R_f) \cdot (1.0 - R_f)} \tag{8-9}$$

$$S_{\text{H}} = \frac{2.74(0.29 - R_f)}{(1.0 - R_f)} \tag{8-10}$$

$$R_f = \frac{g}{\theta} \frac{\dfrac{\partial \theta}{\partial z}}{\left( \dfrac{\partial u}{\partial z} \right)^2} \frac{K_{\text{m}}}{K_{\text{h}}} \tag{8-11}$$

湍流长度 $l$ 根据近藤、渡边俊行等人[16]提出的公式求得，如下所示：

$$l = \begin{cases} 2k^3 \dfrac{1}{C_{\text{fi}}a} \left[ 1 - \exp\left(- C_{\text{fi}} a \dfrac{z}{2k^2} \right) \right], & z < H_{\text{canopy}} \\ \dfrac{kz}{1 + kz/l_0}, & z \geqslant H_{\text{canopy}} \end{cases} \tag{8-12}$$

式中　$H_{\text{canopy}}$——建筑物的高度；

　　　　$C_{\text{fi}}$——建筑阻力系数，可取定值 0.205；

$K_{\text{m}}$、$K_{\text{h}}$ 和 $K_{\text{v}}$——大气安定度函数 $S_{\text{M}}$、$S_{\text{H}}$ 以及湍流长度 $l$ 的函数，根据 Gambo 等提出的零方程模型可以按照式（8-9）和式（8-10）进行计算；

　　　　$R_f$——通量 Richardson 数❶；

　　　　$R_{fc}$——临界通量 Richardson 数，取 0.29；

　　　　$k$——Karman 系数，一般取 0.35；

---

❶　通量 Richardson 数是一个无量纲量，表示流动中的浮力项与剪切项之比，用于判定大气稳定度。通量 Richardson 数越大，浮力的影响越重要，大气越稳定。临界通量 Richardson 数表示维持稳定流动的通量 Richardson 数的最低界限。当小于该临界值时，流体将变得动态不稳定并出现湍流。

$l_0$——计算域边界高度，此处为 100m。

## 8.1.2　建筑子模块

建筑子模型用于计算通过围护结构进入室内的热量、室内温湿度随时间的变化以及空调系统排放的热量。为了简化计算，建筑内部被认为是一个没有隔断的整体，空调系统假定设置为分体式空调器，在每一层的中间高度处向室外均匀排放废热。

$$(\rho C_{\rm p})_{\rm a} V_{\rm a} \frac{\partial T_{\rm in}}{\partial t} = \sum A_i h_{\rm in}(T_{{\rm env},i} - T_{\rm in}) + (\rho C_{\rm p})_{\rm a} Q(T_{\rm out} - T_{\rm in}) + H_{\rm g} \tag{8-13}$$

$$\rho_{\rm a} V_{\rm a} \frac{\partial q_{\rm in}}{\partial t} = V_{\rm f}(q_{\rm out} - q_{\rm in}) + L_{\rm g} \tag{8-14}$$

$$H_{\rm ex} = \frac{COP + 1}{COP} H_{\rm c} \tag{8-15}$$

式中　$T_{\rm in}$ 和 $q_{\rm in}$——分别表示室内温度（℃）和绝对湿度（g/kg）；

　　　$T_{\rm out}$ 和 $q_{\rm out}$——分别表示室外温度（℃）和绝对湿度（g/kg）；

　　　$H_{\rm g}$ 和 $L_{\rm g}$——分别表示室内空间的产热量（W）和产湿量（g/kg）；

　　　$A_i$——每个表面的面积，m²；

　　　$V_{\rm a}$——建筑的室内空间体积，m³；

　　　$h_{\rm in}$——室内对流换热系数，W/(m²·K)；

　　　$T_{{\rm env},i}$——围护结构的内表面温度，℃；

　　　$V_{\rm f}$——新风量，m³/s；

　　　$H_{\rm c}$ 和 $H_{\rm ex}$——分别为建筑冷负荷和排热量，W；

　　　$COP$——空调机组性能系数。

## 8.1.3　辐射子模型

辐射子模型用于计算建筑各表面以及下垫面接收到的长波辐射和短波辐射，模型通过 Gebhart 辐射吸收系数考虑了城市冠层空间不同表面长波辐射和短波辐射的多重反射效果，同时考虑了建筑各表面对太阳直射辐射的相互遮挡作用以及天空角系数对散射辐射的影响。其中 Gebhart 辐射吸收系数是通过光线追踪法计算得到的[17]。

$$RD_{{\rm s}i} = (1 - \rho_{\rm s})(RD_{{\rm D}i} + RD_{{\rm sh}i}) + \sum_{j=1}^{n} B_{ji}(\rho_{\rm s})(RD_{{\rm D}j} + RD_{{\rm sh}j}) \tag{8-16}$$

$$RD_{{\rm L}i} = \sum_{j=1}^{n} B_{ji}(\varepsilon_i A_j \sigma T_j^4) - \varepsilon_i A_i \sigma T_i^4 \tag{8-17}$$

式中　$RD_{{\rm s}i}$ 和 $RD_{{\rm L}i}$——分别表示 $i$ 表面接收的短波辐射和长波辐射，W；

　　　$RD_{{\rm D}i}$ 和 $RD_{{\rm sh}i}$——分别为 $i$ 表面的直射太阳辐射和散射太阳辐射，W；

　　　$\rho_{\rm s}$——建筑表面的反射率；

　　　$B_{ji}$——Gebhart 吸收系数，即 $j$ 表面反射的能量被 $i$ 表面吸收的比例；

　　　$\varepsilon_j$——表面发射率；

　　　$\sigma$——史蒂芬玻尔兹曼常数。

## 8.1.4　下垫面子模型

模型中城市下垫面主要有草坪和混凝土路面两种类型。其中草坪的热传递模型与种植屋面的传热模型类似，此处不再赘述。混凝土路面的传热模型如下所示：

$$-\lambda_g \frac{\partial T_{gi}}{\partial z}\Big|_{i=0} = h_{out}(T_{gi}\Big|_{i=0} - T_a) + RD_{si} + RD_{Li} \tag{8-18}$$

$$(\rho C_p)_g \frac{\partial T_{gi}}{\partial \tau} = \lambda_g \frac{\partial^2 T_{gi}}{\partial z^2} \tag{8-19}$$

$$T_g\Big|_{z=0.5} = T_{0.5} \tag{8-20}$$

$$h_{out} = 3.96u + 6.42 \tag{8-21}$$

式中　$T_g$ 和 $\lambda_g$——分别为沥青地面的温度（℃）和导热系数 [W/(m·K)]；

　　　$h_{out}$[18] 和 $T_a$——分别为地面与大气之间的传热系数 [W/(m²·K)] 和室外空气温度（℃）；

　　　$T_{0.5}$——地下 0.5m 处土壤层的温度，℃；

　　　$u$——靠近下垫面上方的风速，m/s。

### 8.1.5　边界条件

该模型的边界条件包括上边界条件和下边界条件。上边界条件是指距离地面 100m 高度处的空气温度、湿度和风速，而下边界条件为地下 50cm 处土壤的温度和含湿率。

1. 上边界条件

气象台一般设立在郊区，受城市下垫面的影响较小。由于缺乏实测的上边界条件数据，根据中性条件下大气温湿度和风速分布的一般规律确定上边界条件是通常采用的方法[19]。

$$T\Big|_H = T_0 - 0.008(H - z_0) \tag{8-22}$$

$$q_H = q_0 \tag{8-23}$$

$$u\Big|_H = u_0 \cdot (H/z_0)^{0.25} \tag{8-24}$$

式中　$H$——上边界的高度，m；

$T_0$、$q_0$ 和 $u_0$——分别为气象站处测得的温度（℃）、绝对湿度（g/kg）和风速（m/s）；

　　　$z_0$——气象站的测试高度，m。

2. 下边界条件

地下 50cm 处的土壤温度在一天之内通常被认为是常数，可以由下式[18]估计得到：

$$T_{0.5} = T_{gro} + \frac{1}{2}\Delta T_{grs}e^{-0.526\times0.5}\cos\left[(N_d - N_d^{max})30.556\times0.5\right]\frac{2\pi}{365} \tag{8-25}$$

式中　$T_{gro}$——地下常温层的温度，℃；

　　　$\Delta T_{grs}$——地表温度的年较差；

　　　$N_d$——计算日在一年中的日期序号数；

　　　$N_d^{max}$——一年中最高地表温度对应的日期序号，可以由典型年气象数据得到。

## 8.2　城市冠层模型和建筑立体绿化热湿耦合迁移模型的耦合

现有 AUSSSM 模型没有考虑建筑立体绿化的设定，因此本节将上述模型和第 4 章提出的建筑立体绿化热湿耦合迁移模型进行耦合用于分析建筑立体绿化对室内外热环境的影响，具体耦合方法如图 8-3 所示。AUSSSM 模型将计算得到的室外空气温湿度、室内空气温度，以及各表面的太阳辐射和长波辐射量传递给建筑立体绿化模型，然后建筑立体绿化模型输出每个表面的平均热流和温度，以及植被层和基质层向外释放的潜热，再将其返回给 AUSSSM 模型。计算流程如图 8-4 所示，室外微环境的初始预测值为气象站数据。在每一个时间步长内迭代求解直至前后两次的计算结果达到收敛条件，然后进入下一个时间步。模拟结束后，输出城市冠层热环境参数以及各表面的温度、热流以及辐射分布的计算结果。

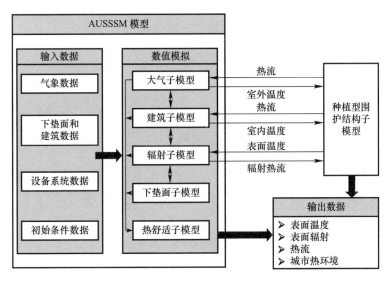

图 8-3　模型的耦合过程

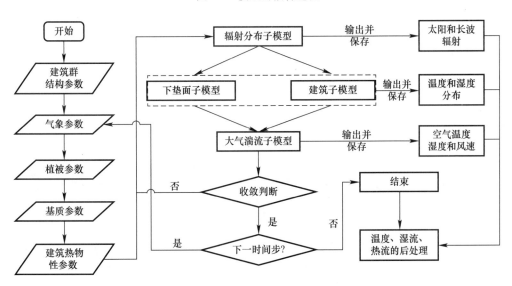

图 8-4　耦合模型的计算流程图

## 8.3　情景模拟

　　基于上海地区气候条件，本节以某假想办公楼群为研究对象，如图 8-5 所示。根据《上海市城市规划管理技术规定（2011）》的要求，将建筑密度设定为 25%，绿地和混凝土路面的面积均为 37.5%，窗墙比为 0.3。建筑共有 10 层，每层高度为 3m，长度和宽度均为 30m（甲类公共建筑）。建筑立体绿化包括种植屋面和四面种植墙体，绿化的面积占围护结构面积的比例均为 0.5。建筑结构参数和下垫面的热物性参数如表 8-1 所示，相关植被和基质的热物性参数见本书第 6 章。办公建筑的人员逐时在室率、设备和照明的逐时使用率以及人员新风、设备负荷等参数根据《公共建筑节能设计标准》GB 50189—2015 设定，如表 8-2 和表 8-3 所示。采用上海地区夏季和冬季典型气象日气象参数（图 7-3），模拟了夏季和冬季室内有空调条件下的情景，夏季室内设定温度为 25℃，冬季室内设定为 18℃。

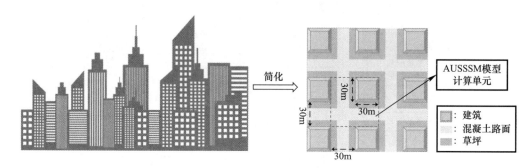

图 8-5　办公楼群情景模拟示意图

**建筑结构参数和下垫面热物性参数设定**　　　　　表 8-1

| 参数 | 值 | 参数 | 值 |
|---|---|---|---|
| 普通屋面传热系数 | 0.5W/(m²·K) | 混凝土地面反射率 | 0.2 |
| 普通墙体传热系数 | 0.78W/(m²·K) | 混凝土地面发射率 | 0.95 |
| 普通屋面热容 | 277kJ/(m²·K) | 混凝土导热系数 | 1.51W/(m·K) |
| 普通墙体热容 | 323kJ/(m²·K) | 混凝土热容 | 1.93E6J/(m³·K) |
| 窗玻璃传热系数 | 3.0W/(m²·K) | 植被反射率 | 0.32 |
| 窗玻璃热容 | 12.5kJ/(m²·K) | 植被发射率 | 0.83 |
| 窗玻璃透射率 | 0.78 | 草地叶面积指数 | 2.0 |
| 窗玻璃反射率 | 0.08 | 地面土壤反射率 | 0.8 |
| 窗玻璃发射率 | 0.94 | 地面土壤发射率 | 0.9 |

注：普通墙体和屋面的热物性参数参考《公共建筑节能设计标准》GB 50189—2015，其外表面反射率和发射率设定与表 6-1 中的值相同。下垫面所使用土壤类型设定为普通田园土，其相关热物性参数见第 3 章。下垫面草坪的叶面积指数设定为 4。种植屋面和种植墙体相关参数设定与表 6-1 和表 6-2 相同。

**人员在室率和设备照明逐时使用率**　　　　　表 8-2

| 项目 | 时间 | | | | | | | |
|---|---|---|---|---|---|---|---|---|
| | 1：00 | 2：00 | 3：00 | 4：00 | 5：00 | 6：00 | 7：00 | 8：00 |
| 灯光 | 0 | 0 | 0 | 0 | 0 | 0 | 10% | 50% |
| 人员 | 0 | 0 | 0 | 0 | 0 | 0 | 10% | 50% |
| 设备 | 0 | 0 | 0 | 0 | 0 | 0 | 10% | 50% |
| 项目 | 时间 | | | | | | | |
| | 9：00 | 10：00 | 11：00 | 12：00 | 13：00 | 14：00 | 15：00 | 16：00 |
| 灯光 | 95% | 95% | 95% | 80% | 80% | 95% | 95% | 95% |
| 人员 | 95% | 95% | 95% | 80% | 80% | 95% | 95% | 95% |
| 设备 | 95% | 95% | 95% | 50% | 50% | 95% | 95% | 95% |

| 项目 | 时间 | | | | | | | |
|------|-------|-------|-------|-------|-------|-------|-------|-------|
| | 17：00 | 18：00 | 19：00 | 20：00 | 21：00 | 22：00 | 23：00 | 24：00 |
| 灯光 | 95% | 30% | 30% | 0 | 0 | 0 | 0 | 0 |
| 人员 | 95% | 30% | 30% | 0 | 0 | 0 | 0 | 0 |
| 设备 | 95% | 30% | 30% | 0 | 0 | 0 | 0 | 0 |

**人员、设备的负荷**　　　　　　表 8-3

| 项目 | 设定值 | 项目 | 设定值 |
|------|--------|------|--------|
| 办公区人员密度 | 10m²/人 | 集群系数 | 0.93 |
| 新风量 | 30m³/(h·人) | 电器设备功率 | 13W/m² |
| 人员发热量 | 120W/人 | 照明功率密度 | 11W/m² |

## 8.4　模拟结果

### 8.4.1　室外热环境

　　根据上述模型，模拟得到夏季和冬季室外气象条件垂直方向的分布情况，如图 8-6 所示。夏季和冬季白天贴近地面的室外空气温度最高，随着高度的增加空气温度不断下降。夜间贴近下垫面处空气温度较低，沿垂直方向的变化梯度较小。由于下垫面的蒸腾蒸发作用，使得靠近下垫面的空气绝对湿度较高，尤其是在白天太阳辐射强烈的中午，夜间垂直方向上的变化则不明显。相比夏季，冬季由于太阳辐射较小，下垫面蒸腾蒸发作用较弱，室外空气温度以及绝对湿度垂直方向的变化率小于夏季条件下的变化率。由于下垫面以及建筑群的阻碍作用，不论夏季还是冬季室外风速在垂直方向上均呈现不断上升的趋势，而且在城市冠层内的变化率大于冠层上方的变化率。

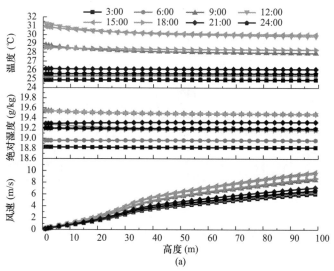

图 8-6　室外气温、绝对湿度和风速分布的模拟结果❶（一）

（a）夏季

---

❶　彩图见本书附录 2。

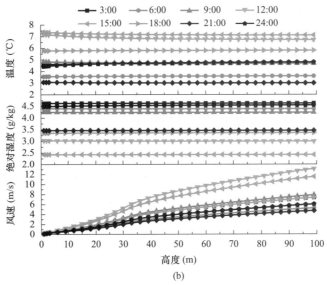

图 8-6　室外气温、绝对湿度和风速分布的模拟结果（二）

（b）冬季

　　计算还得到每层建筑围护结构接受的平均净太阳辐射，如图 8-7 所示。随着建筑高度的增加，每层建筑受到的平均净太阳辐射随之增大，其中屋顶接收的辐射最大。主要原因在于每层围护结构的天空角系数随建筑高度的增加而增大，因此获得的太阳散射辐射不断增大。由于建筑之间的相互遮挡，使得底层建筑受到的太阳直射辐射减小。此外，由于夏季太阳高度角更大，使得夏季屋顶与垂直方向围护结构的净太阳辐射差高于冬季的净太阳辐射差。普通围护结构的反射率小于建筑立体绿化表面反射率，因此普通围护结构的净太阳辐射强度大于建筑立体绿化的净太阳辐射强度。

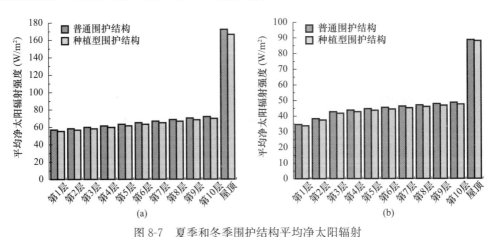

图 8-7　夏季和冬季围护结构平均净太阳辐射

（a）夏季；（b）冬季

## 8.4.2　城市冠层与建筑围护结构热性能

　　在上述城市冠层气象条件下，夏季和冬季一天中不同时刻普通建筑围护结构与建筑立体绿化外表面的差别如图 8-8 所示，图中温差为普通建筑围护结构外表面温度减去建筑立体绿化外表面温度。白天随着太阳辐射增强，普通建筑围护结构表面温度快速升高，与建筑立体绿化表面温度的差值不断增大。夜晚由于天空长波辐射的作用，普通建筑围护结构的表面温度逐渐降低，与建筑立体绿化表面温度的差别减小。在冬季，由于普通建筑围护结构的长波辐射吸收率高于建筑立体绿化的发射率，普通建筑围护结构夜间表面温度低于建筑立体绿化表面温度，出现负温差。夏季，由于水平面太阳辐射较强，种植屋面的叶面积指数较高，植被冠层截留了大量太阳辐射，种植屋面的被动冷却作用比种植墙体更强。冬季太阳高度角较低，墙体表面受到的太阳辐射增大，同时种植屋面的植被覆盖率较低，因此种植屋面的被动冷却作用比种植墙体弱。

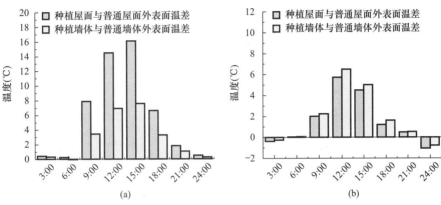

图 8-8　建筑立体绿化与普通围护结构外表面温度比较
(a) 夏季；(b) 冬季

　　建筑立体绿化与普通建筑围护结构内表面温差如图 8-9 所示，图中温差为普通建筑围护结构内表面温度减去建筑立体绿化内表面温度。可以看出，夏季建筑立体绿化与普通建筑围护结构的内表面温度差异并不明显，种植屋面与普通屋面最大温差为 0.81℃，而种植墙体与普通墙体的最大温差为 0.71℃。夏季凌晨出现负温差的原因在于建筑立体绿化较强的蓄热性导致该时段内表面温度较高。冬季日间由于太阳辐射较弱，建筑立体绿化与普通建筑围护结构的内表面温差较小，最大值仅为 0.35℃。冬季夜间室内外温差较大，由于建筑立体绿化的保温作用，其内表面温度更高。

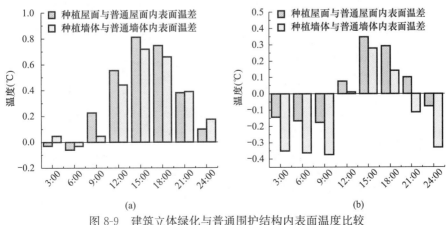

图 8-9　建筑立体绿化与普通围护结构内表面温度比较
(a) 夏季；(b) 冬季

　　建筑立体绿化与普通建筑围护结构表面的能量平衡存在显著差异，如表 8-4 所示。白天建筑立体绿化比普通围护结构向外释放的对流热、长波辐射热较少，潜热较多，其中，夏季对流换热量可减少 78W/m²，长波辐射换热量可减少 94W/m²，潜热量可增加 204W/m²。在冬季，建筑立体绿化对流换热量可减少 26W/m²，长波辐射换热量可减少 37W/m²，潜热量可增加 48W/m²。冬季夜间的部分时刻由于普通围护结构外表面温度低于建筑立体绿化外表面温度，其外表面释放的长波辐射换热和对流换热均小于建筑立体绿化。

建筑立体绿化与普通建筑围护结构的热性能比较　　　　　表 8-4

### 8.4.3　建筑立体绿化对室外微气候的影响

本节通过模拟进一步分析建筑立体绿化对室外微气候的影响。图 8-10 所示的区域能量分析中，建筑立体绿化使得计算区域接收的太阳辐射、释放的长波辐射、对流换热量减少，释放的潜热散热量显著增加，通过下垫面的导热以及冠层空间的蓄热量变化较小。表 8-5 展示了在距离下垫面 1.5m 高度处，与无建筑立体绿化的情形相比，建筑立体绿化对室外空气温度、室外空气湿度以及平均辐射温度的影响。可以看出，夏季和冬季室外空气温度降低的幅度分别可以达到 0.1℃ 和 0.08℃，绝对湿度增加的幅度可以达到 0.063g/kg 和 0.028g/kg，室外平均辐射温度降低幅度可以达到 0.75℃ 和 0.69℃。夜间建筑立体绿化对室外环境的影响较小，部分时刻还可能略微提高室外空气温度和平均辐射温度。

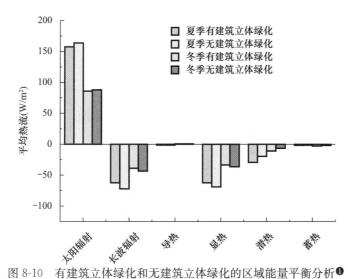

图 8-10　有建筑立体绿化和无建筑立体绿化的区域能量平衡分析❶

**建筑立体绿化对室外 1.5m 高度处微环境的影响**　　表 8-5

| 参数 | 夏季 | 冬季 |
| --- | --- | --- |
| 室外空气温度 | 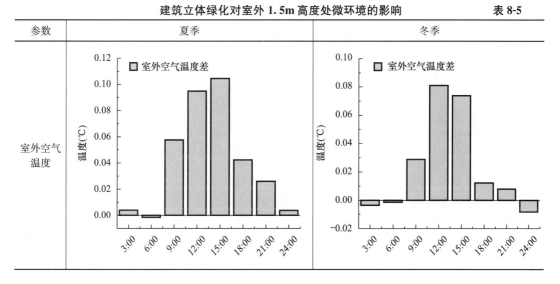 | |

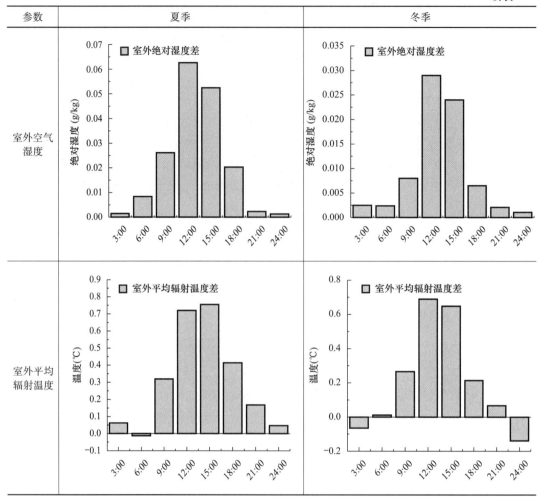

### 8.4.4　建筑立体绿化冷却效果的影响因素分析

　　本节分析了七种因素作用下建筑立体绿化对室外热环境的影响，包括建筑空调排热❶、下垫面绿地率、建筑密度、建筑高度、围护结构反射率、基质含湿率以及建筑立体绿化的植被层叶面积指数。表 8-6 展示了建筑立体绿化与无建筑立体绿化条件下室外 1.5m 高度处的空气温度差异。由图 8-9 可知，日间种植型围护结构的内表面温度比普通围护结构内表面温度低，夏季空调负荷降低，向室外的传热量减小；冬季的热负荷增大，向室外的传热量增加，即空调条件下建筑立体绿化对室外空气温度产生间接影响。随着下垫面绿地覆盖率增大，建筑立体绿化对室外空气温度的影响呈下降趋势，主要原因在于增加下垫面绿地率降低了城市冠层内的空气温度，增加了城市冠层内空气的相对湿度，从而降低了蒸散强度，弱化了建筑立体绿化对室外空气温度的影响。随着建筑密度的提高，围护结构表面积与城市冠层空间的体积比随之增大，建筑立体绿化对室外空气温度的影响增大。随着建

---

❶　如 8.1.2 节所述，此处以空气源热泵的排热为例进行分析。

筑高度的增加，城市冠层底部的天空角系数逐渐减小，建筑的相互遮挡效应增强，减小了建筑立体绿化和普通围护结构外表面温度的差异，削弱了建筑立体绿化对室外空气的影响。

　　反射率高的普通围护结构接收的太阳辐射少，表面温度较低。建筑立体绿化替代高反射率的普通围护结构时对室外环境温度的影响较小。提高基质层的体积含湿率或者植被层的叶面积指数有利于增强建筑立体绿化的蒸腾蒸发作用，从而提高冷却效果。白天建筑立体绿化对室外空气温度的影响随着基质含湿率和叶面积指数的增大而增强，夜间这种影响则不明显。冬季室外气温较低，太阳辐射较弱，基质层体积含湿率以及植被层叶面积指数的影响也小于夏季的情形。

不同情景下建筑立体绿化的冷却效果❶　　　　　　　　　　表 8-6

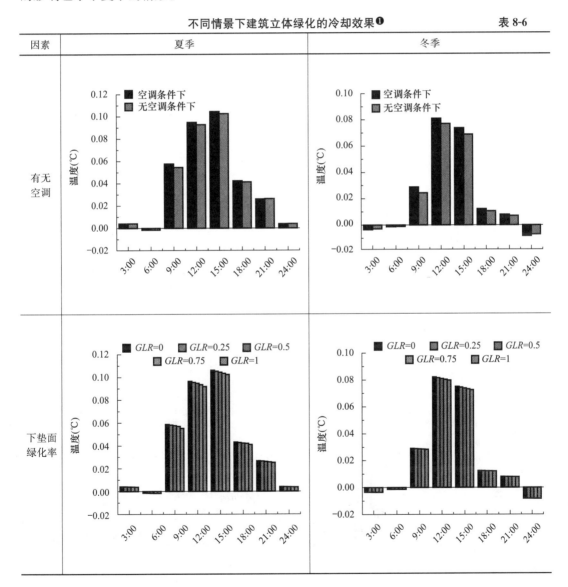

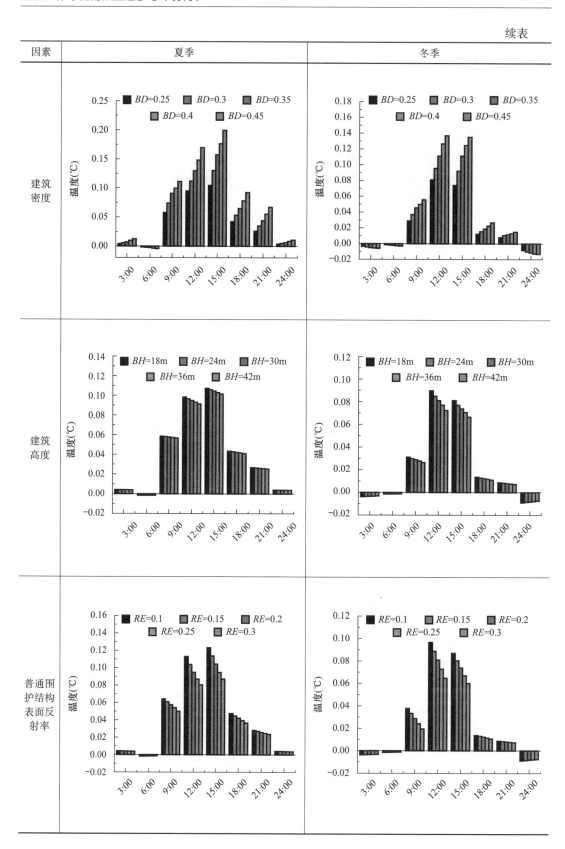

续表

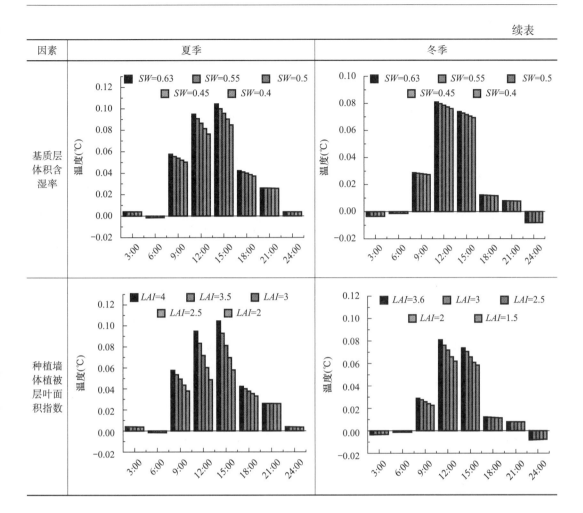

## 8.5　本章小结

在预测城市冠层热环境时，不仅要考虑下垫面与冠层空间的热湿传递，还需要考虑建筑自身的排热，建筑立体绿化对室内、室外环境的双向调节作用使得在预测其对室外热环境影响时需要同时将上述两种作用考虑在内。在分析建筑立体绿化与室内外热环境相互作用的基础上，本章提出了建筑立体绿化热湿耦合传递模型与一维城市冠层模型相互耦合的方法，预测了上海地区建筑立体绿化条件下城市局地冠层空间的热环境，定量比较了建筑立体绿化与普通建筑围护结构热性能的差异，以及两种围护结构外表面的能量平衡。计算结果表明，相对于普通围护结构，建筑立体绿化在夏季和冬季降低外表面温度的幅度分别达到 16.2℃和 6.4℃，降低内表面温度的幅度分别可以达到 0.81℃和 0.35℃。建筑立体绿化向室外空间释放的对流热和长波辐射热较少，潜热较多，且夏季比冬季更为显著。本章还预测了建筑立体绿化对室外空气温度、绝对湿度、平均辐射温度以及对区域整体能量平衡的影响。结果显示，建筑立体绿化对室外平均辐射温度影响较大，更多的区域太阳辐射得热以蒸发潜热形式耗散。对不同因素的敏感性分析显示，建筑密度和建筑立体绿化的植被叶面积指数是环境冷却作用的显著性影响因素。

## 本章参考文献

［1］ 周铁军，王大川，熊健吾. 形式，功能与认知：建筑绿化在绿色建筑与生态城市中的角色［J］. 中国科学：技术科学，2015（9）：951-963.

［2］ Morille B，Musy M，Malys L. Preliminary study of the impact of urban greenery types on energy consumption of building at a district scale：Academic study on a canyon street in Nantes（France）weather conditions［J］. Energy and Buildings，2016，114：275-282.

［3］ Djedjig R，Bozonnet E，Belarbi R. Modeling green wall interactions with street canyons for building energy simulation in urban context［J］. Urban Climate，2018，16：75-85.

［4］ Li D，Bou-Zeid E，Oppenheimer M. The effectiveness of cool and green roofs as urban heat island mitigation strategies［J］. Environmental Research Letters，2014，9（5）：055002.

［5］ Ashie Y，Ca V T，Asaeda T. Building canopy model for the analysis of urban climate［J］. Journal of wind engineering and industrial aerodynamics，1999，81（1-3）：237-248.

［6］ Mirzaei P A，Haghighat F. Approaches to study urban heat island-abilities and limitations［J］. Building and environment，2010，45（10）：2192-2201.

［7］ Ryu Y H，Baik J J，Lee S H. A new single-layer urban canopy model for use in mesoscale atmospheric models［J］. Journal of Applied Meteorology and Climatology，2011，50（9）：1773-1794.

［8］ Zhu Y，Liu J，Hagishima A，et al. Evaluation of coupled outdoor and indoor thermal comfort environment and anthropogenic heat［J］. Building and environment，2007，42（2）：1018-1025.

［9］ Tian W，Wang Y，Xie Y，et al. Effect of building integrated photovoltaics on microclimate of urban canopy layer［J］. Building and environment，2007，42（5）：1891-1901.

［10］ Bueno B，Norford L，Pigeon G，et al. Combining a detailed building energy model with a physically-based urban canopy model［J］. Boundary-layer meteorology，2011，140（3）：471-489.

［11］ Allegrini J，Dorer V，Carmeliet J. Influence of the urban microclimate in street canyons on the energy demand for space cooling and heating of buildings［J］. Energy and Buildings，2012，55：823-832.

［12］ Hagishima A，Tanimoto J，Katayama T，et al. An organic analysis for quantitative estimation of heat island by the revised architecture-urban-soil-simultaneous simulation model，AUSSSM［J］. 日本建筑学会计画系论文集，2001（550）：79-86.

［13］ 朱岳梅，姚杨，马最良，等. 室外环境热舒适性模型的建立［J］. 建筑科学，2007，23（6）：1-3.

［14］ 朱岳梅，刘京，荻岛理，等. 城市冠层模型的扩展与验证［J］. 建筑科学，2007（2）：84-87.

［15］ Shui T，Liu J，Zhang P，et al. Development of an urban canopy model for the evaluation of urban thermal climate with snow cover in severe cold regions［J］. Building and Environment，2016，95：160-170.

［16］ Kondo H，Liu F H. A study on the urban thermal environment obtained through one-dimensional urban canopy model［J］. Journal of Japan Society for Atmospheric Environment/Taiki Kankyo Gakkaishi，1998，33（3）：179-192.

［17］ 村上周三. CFD 与建筑环境设计［M］. 北京：中国建筑工业出版社，2007.

［18］ 柳靖，赵加宁，刘京，等. 街道峡谷空气温度预测模型的建立及验证［J］. 湖南大学学报：自然科学版，2009，36（4）：74-79.

［19］ 刘京，姜安玺，王琨，等. 城市局地-建筑耦合气候评价模型的开发应用［J］. 哈尔滨工业大学学报，2006，38（1）：38-40.

# 第 9 章　结论与展望

本书对建筑立体绿化的历史沿革及其热性能的研究现状进行了系统阐述，总结了建筑立体绿化热性能研究中存在的问题。结合实验测试和数值模拟，深入研究分析了建筑立体绿化的热湿物性参数、保温隔热性能的形成机制及其评价指标、建筑立体绿化的微气候效应，为建筑立体绿化的设计和规划提供参考。

## 9.1　建筑立体绿化基质的热湿物性参数

基质层的热湿物性数据对建筑立体绿化热性能的预测有显著影响，然而上述热湿物性参数的研究非常匮乏，影响了相关研究的准确性。本书介绍了基质热湿物性参数的测试方法，以上海地区建筑立体绿化为例，测试了几种常用基质的热湿物性参数，比较了轻质营养土与田园土热湿物性参数的差异，并建立了相应的实验关联式。通过实验发现，四种建筑立体绿化基质的导热系数均随体积含湿率和干密度的升高而增大。相同体积含湿率下轻质营养土的导热系数小于普通田园土，并且随含湿率的增加，两者差别增大。四种基质的比热容相差不超过 10%。轻质营养土的饱和渗透系数比田园土大一个数量级，并且随着干密度的升高，四种基质的饱和渗透系数均显著下降。在低水势环境下，轻质营养土的平衡含湿率高于田园土；在高水势环境下，田园土比轻质营养土的平衡含湿率略高。随着干密度增大，四种基质的水分特征曲线均呈现整体下降的趋势。四种基质的非饱和渗透系数随干密度和水势的增大而减小，在相同水势下轻质营养土的非饱和渗透系数大于田园土的非饱和渗透系数，而且随着水势的增大，两者之间的差值逐渐减小。

## 9.2　建筑立体绿化的保温隔热性能

通过现场测试比较了上海地区草坪式种植屋面和铺贴式种植墙体与普通屋面以及普通墙体热性能的区别。测试表明不论夏季还是冬季，建筑立体绿化在晴朗的白天均能不同程度降低上方（15cm）局部空气的温度，而在阴天和夜间的降温效果不明显。相比普通建筑围护结构，建筑立体绿化的结构层温度和热流波动幅度显著减小。建筑立体绿化对室内的保温隔热效果除了受到自身热湿物性的影响之外，还受到室内温度的影响。过渡季自然条件下种植屋面的热性能变化与夏季自然条件下类似，秋季测试期间的隔热性能比春季测试期间的隔热性能弱。建筑立体绿化白天主要起到隔热冷却的作用，而在夜间则起到保温的作用。夏季植被覆盖率高，建筑立体绿化隔热作用比保温作用显著。冬季种植屋面植被层枯萎，主要体现出保温的作用。种植墙体虽然冬季植被覆盖率较好，但由于太阳辐射减小以及室内外温差较大，其保温作用大于隔热作用。

## 9.3 建筑立体绿化的保温隔热机制

建立并验证了建筑立体绿化热湿耦合迁移模型，据此分析了夏季和冬季测试期间两种建筑立体绿化的能量收支平衡，植被层和基质层相关参数对建筑立体绿化整体热性能的影响，以及建筑立体绿化对外界气象因子的热响应规律。结果表明，夏季建筑立体绿化植被层的主要散热方式为蒸发散热，其次为对流散热和长波辐射散热。冬季室外温度较低、太阳辐射偏弱，潜热散热的比例显著下降，对流散热和长波辐射散热的比例提高。夏季白天由于植被层的遮阳以及基质表层的蒸发作用，使得基质表面温度较低，对流和长波辐射加热了基质表面。到了夜间植被层温度降低，蒸腾蒸发作用减弱，加上白天的蓄热量，此时基质表面温度较高，对流和长波辐射转变为从基质表面散热。冬季，由于植被层枯萎，种植屋面的基质层表面接收到的太阳辐射和天空长波辐射比例提高，加之室内温度较高，使得基质层表面的对流和长波辐射全天均为散热作用。种植墙体由于冬季植被覆盖良好，基质层在对流和长波辐射的综合作用下日间被加热而夜间转为散热。对种植屋面植被层和基质层相关参数的敏感性分析可知，植被层的叶面积指数、植被高度和基质层的反射率、发射率、厚度、导热系数、初始含湿率对种植屋面的整体热性能具有显著影响，通过上述参数的合理优化能够使得种植屋面达到设定的热工要求。对气象因子的分析表明，较强的太阳辐射、较高的空气温度、较低的大气相对湿度以及较大的风速，均导致建筑立体绿化的潜热散热增大，但对流和长波辐射变化情况各有不同。较强的太阳辐射以及较高的空气温度使得结构层外表面温度升高，而较低的大气湿度以及较大的风速则使得结构层外表面温度降低。

## 9.4 建筑立体绿化热性能的评价指标

与普通建筑围护结构不同，由于建筑立体绿化基质层和植被层的动态特性，其热性能评价指标受到多种因素的影响。根据上海典型气象日条件下的计算结果，夏季立体绿化的当量热阻大于冬季，而且不同朝向的当量热阻也存在差异。以种植屋面为例，通过敏感性分析可知，除了种植屋面本身植被层和基质层的特征参数外，结构层导热系数、反射率、发射率以及室内空气温度对当量热阻也存在较大影响。特别是随着夏季室内空气温度升高，种植屋面的当量热阻呈指数式增大。相比于当量保温屋面，种植屋面的温度和热流波动幅度更小。在设定的室内计算温度下，夏季通过种植屋面和当量保温屋面的平均热流近似相同。当室内温度偏离设定温度时，两者的误差将增大，说明夏季用当量热阻评价种植屋面的热工性能受到室内温度的影响。冬季通过种植屋面与当量保温屋面的平均热流差值受室内温度的影响较小，此时用当量热阻评价种植屋面热性能的准确性较高。与高反射率屋面相比，种植屋面的温度和热流波动较小，但在种植屋面的叶面积指数较低或者基质含湿率较低时，其夏季热性能可能不及高反射率屋面。本书基于建筑立体绿化的保温隔热原理，提出用保温因子描述基质层和植被层对围护结构的保温作用，用调温因子描述基质层和植被层对围护结构室外广义综合温度的调节作用。计算表明，不同季节建筑立体绿化的保温因子相差较小，调温因子差异较大。敏感性分析显示基质层的导热系数、厚度、含湿率和结构层传热系数是保温因子的显著影响因素，植被层叶面积指数、植被高度、基质反射率、发射率、体积含湿率以及结构层反射率和发射率对调温因子具有显著影响。

## 9.5　建筑立体绿化的局地微气候效应

　　建筑立体绿化不仅削弱了进入室内的热量，同时对室外空间具有被动冷却作用。通过将建筑立体绿化热湿耦合迁移模型与一维城市冠层模型耦合，考虑建筑立体绿化对室内外热环境的双向调节作用，预测了建筑立体绿化对室外局地热环境的影响。计算结果显示，建筑立体绿化对室外空气温度和室外空气含湿量的影响较小，对室外平均辐射温度的影响较大。在下垫面绿化率较低、建筑密度较大、建筑高度较小、建筑围护结构的表面反射率较低、植被叶面积指数较大以及基质层体积含湿率较高等情形下，建筑立体绿化具有更好的室外环境冷却效果。

## 9.6　展望

　　随着城市建设的不断推进，建筑立体绿化的形式也更加多样。比如生物多样性屋顶绿化技术，增加了基质层的厚度和多层次的植被分布，以提供多样化的生物栖息地和微气候条件。又比如绿蓝屋面在传统种植屋面的基础上增加了一层蓄水层，可以截留更多的雨水，缓解城市雨洪压力。将种植屋面或者种植墙体与农业技术相结合，则可以在改善围护结构热性能的同时提供人们所需的食物，有助于提高城市的粮食安全。建筑立体绿化还可以与现代光伏技术结合，组成绿化—光伏系统，建筑立体绿化的被动冷却效果有助于提高光伏系统的发电效率，而光伏系统对植被生长环境也具有一定的调节作用。目前相关研究进一步拓展到了蓄水层、植被时空分布特征、屋面地形特征对种植屋面热性能的影响，屋顶农场局部微气候的优化，以及立体绿化—光伏系统相互作用机理等方面，体现出多学科交叉的特点。对建筑立体绿化热性能的研究将为建筑能耗、城市微气候和雨洪治理、都市农业、新能源开发等方面的研究提供理论基础和数据支撑。

# 附录 1　普通围护结构的热传递方程

普通屋面和普通墙体的热传递方程如下式所示：

（1）普通建筑围护结构内表面能量平衡方程

$$-\lambda_s \frac{\partial T_{sc}}{\partial z}\Big|_{z=0} = h_i(T_{sc}\big|_{z=0} - T_{in}) + RD_{in} \tag{1}$$

（2）普通建筑围护结构内部传热过程方程

$$(\rho C_p)_s \frac{\partial T_{sc}}{\partial t} = \lambda_s \frac{\partial^2 T_{sc}}{\partial z^2} \tag{2}$$

（3）普通建筑围护结构外表面能量平衡方程

$$-\lambda_s \frac{\partial T_{sc}}{\partial z}\Big|_{z=d} = h_{out}(T_s\big|_{z=d} - T_r) + RD_{out} \tag{3}$$

$$R_{out} = \rho_{sc} RD_{SR} + F_{sc,s}\varepsilon_{sc}(I_{sky} - \sigma T_{sc}^4) + F_{sc,g}\varepsilon_{sc}(I_{sky} - \sigma T_{sc}^4) \tag{4}$$

$$h_{out} = 10.5u + 4.47 \tag{5}$$

式中　　$T_{sc}$——普通建筑围护结构温度，℃；

　　$h_i$——内表面对流换热系数，取 8.7W/(m² · ℃)；

　　$h_{out}$——外表面对流换热系数，W/(m² · ℃)[1]；

　　$R_{out}$——外表面的净太阳辐射和长波辐射之和，W/m²；

$\rho_{sc}$ 和 $\varepsilon_{sc}$——分别为普通建筑围护结构太阳辐射吸收率和长波辐射发射率；

$F_{sc,s}$ 和 $F_{sc,g}$——普通围护结构对天空和地面的角系数。

---

[1]　柳靖，赵加宁，刘京，孙德兴. 街道峡谷空气温度预测模型的建立及验证 [J]. 湖南大学学报：自然科学版，2009，36（4）：74-79.

# 附录 2　书中部分彩色图表

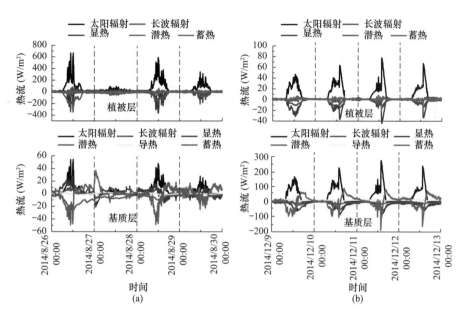

图 6-5　种植屋面植被层和基质层的能量平衡

(a) 夏季；(b) 冬季

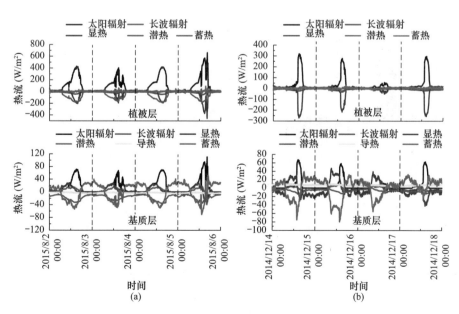

图 6-6　种植墙体植被层和基质层的能量平衡

(a) 夏季；(b) 冬季

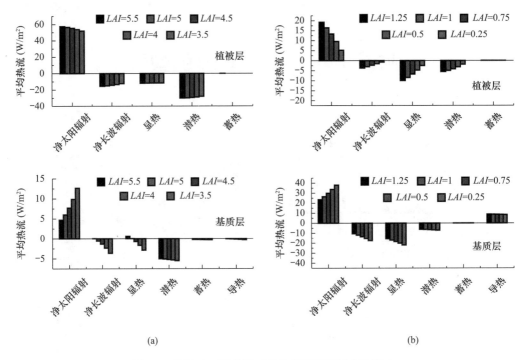

(a)                                           (b)

图 6-7　植被叶面积指数对种植屋面能量平衡的影响

（a）夏季；（b）冬季

**不同气象因子对种植屋面热性能的影响**　　　　　　　　　　表 6-7

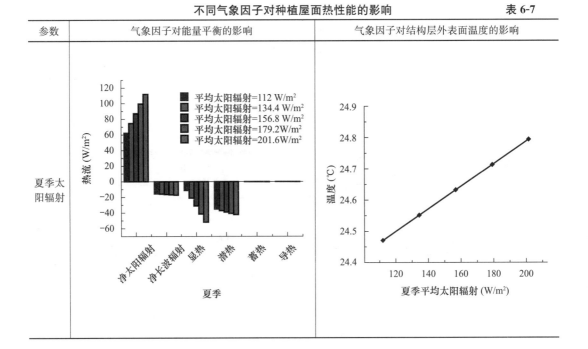

续表

| 参数 | 气象因子对能量平衡的影响 | 气象因子对结构层外表面温度的影响 |
|---|---|---|

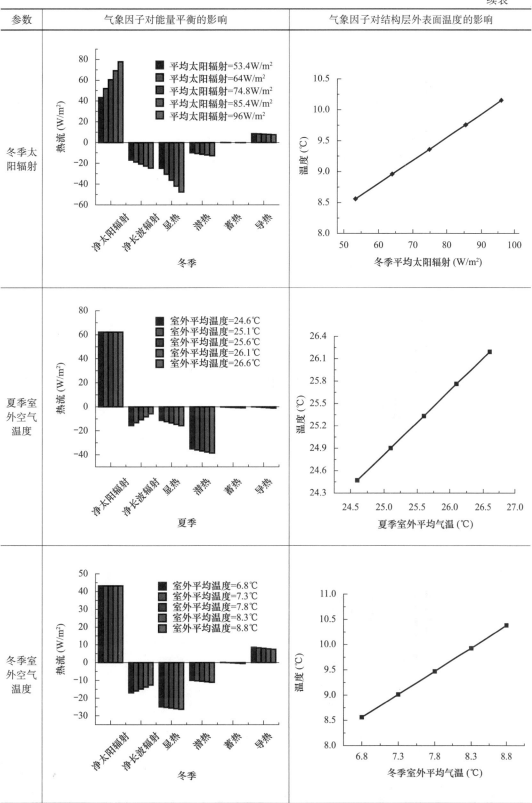

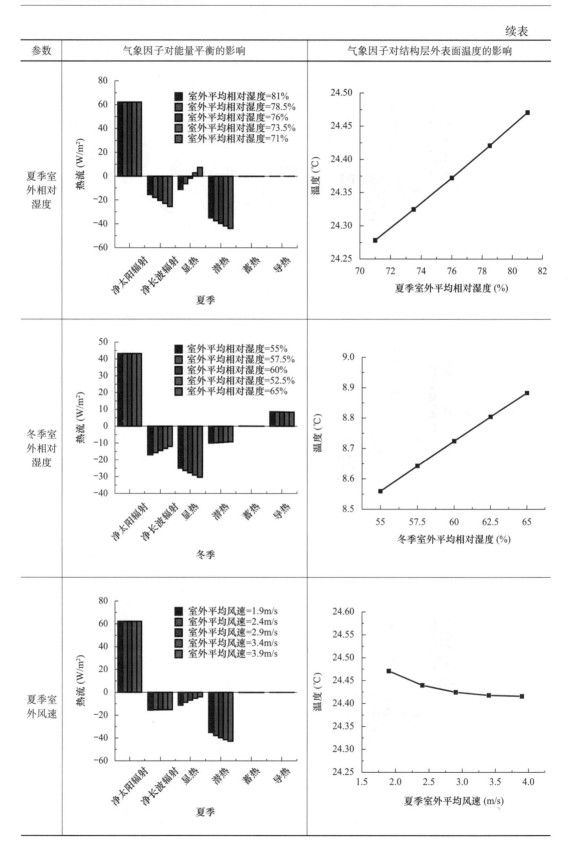

续表

| 参数 | 气象因子对能量平衡的影响 | 气象因子对结构层外表面温度的影响 |
| --- | --- | --- |
| 冬季室外风速 | 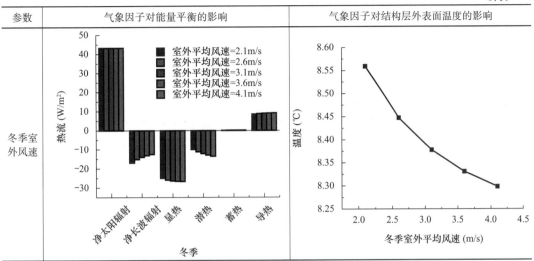 | |

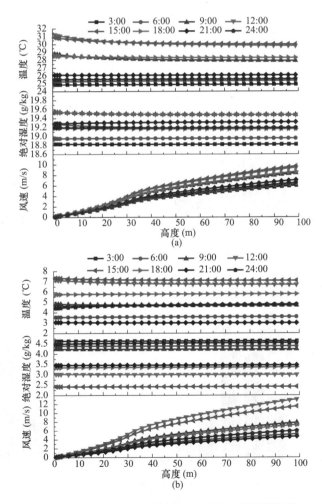

图 8-6　室外气温、绝对湿度和风速分布的模拟结果

（a）夏季；（b）冬季

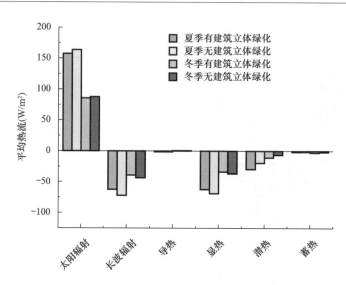

图 8-10　有建筑立体绿化和无建筑立体绿化的区域能量平衡分析

不同情景下建筑立体绿化的冷却效果　　　　表 8-6

| 因素 | 夏季 | 冬季 |
|---|---|---|
| 有无空调 | | |
| 下垫面绿化率 | | |

续表

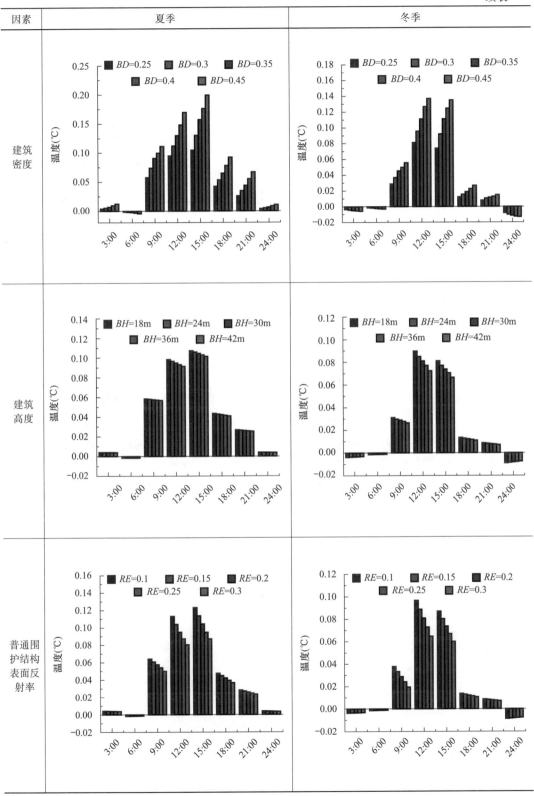

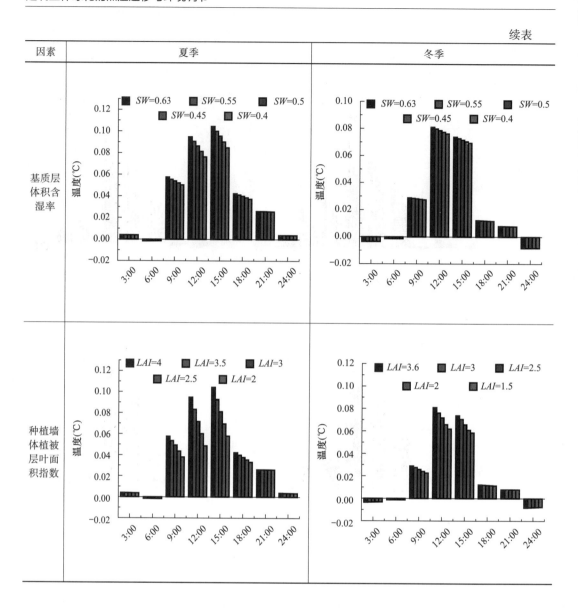